036

操作练习：使用椭圆选框工具抠取商品
技术掌握：使用椭圆选框工具抠取商品的方法
视频长度：00:00:35

039

043

047

操作练习：修补陶瓷杯上的瑕疵
技术掌握：掌握污点修复画笔工具使用方法
视频长度：00:01:10

操作练习：调整商品图片背景色调
技术掌握：调整背景色调的方法
视频长度：00:01:44

操作练习：使用图层蒙版合成宝贝照片
技术掌握：使用图层蒙版合成宝贝照片方法
视频长度：00:01:50

049

050

操作练习：使用混合模式制作炫彩唇妆
技术掌握：使用混合模式制作炫彩唇妆方法
视频长度：00:02:00

课后习题：鲜芒果店贴
技术掌握："鲜芒果"趣味字体设计的制作技法
视频长度：00:02:48

051

056

综合练习：时尚女装店招设计
技术掌握：时尚女装店招的制作技法
视频长度：00:06:51

课后习题：家电展示页面
技术掌握：电压锅组合展示制作技法
视频长度：00:06:41

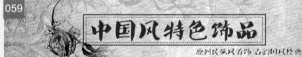 

059

综合练习：中国风饰品店招设计
技术掌握：中国风饰品店招的制作技法
视频长度：00:03:19

062

综合练习：可爱风格店招设计　　　　技术掌握：可爱风格店招的制作技法　　　　视频长度：00:06:13

066

综合练习：清新风格店招设计　　　　技术掌握：清新风格店招的制作技法　　　　视频长度：00:05:12

069

综合练习：个性甜品店招设计　　　　技术掌握：个性甜品店招的制作技法　　　　视频长度：00:04:00

073

课后习题：男鞋店招设计　　　　技术掌握：男鞋店招的制作技法　　　　视频长度：00:03:51

073

课后习题：美妆店招设计　　　　技术掌握：美妆店招的制作技法　　　　视频长度：00:02:32

076

综合练习：简洁风格导航条设计　　　　技术掌握：简洁风格导航条的制作技法　　　　视频长度：00:03:36

079

综合练习：阳光风格导航条设计　　　　技术掌握：阳光风格导航条的制作技法　　　　视频长度：00:04:08

082

凤凰涅槃 · 让首饰说故事

| 所有分类 ▼ | 热卖宝贝 | 玉佛 | 玉镯 | 吊坠 | 手链 | 戒指 | 会员福利 |

综合练习：高雅首饰导航条设计　　　　技术掌握：首饰导航条的制作技法　　　　视频长度：00:03:41

084

首页　　苹果专区　　三星专区　　　　　　小米专区　　魅族专区　　配件专区

综合练习：古朴风格导航条设计　　　　技术掌握：古朴风格导航条的制作技法　　　　视频长度：00:04:43

087

所有分类 ▼　客厅系列　卧室系列　餐厅系列　店铺活动

综合练习：时尚风格导航条设计　　　　技术掌握：时尚风格导航条的制作技法　　　　视频长度：00:03:52

089

| 连体衣 coverall | 包屁衣 coverall | 上衣 jacket | 裤子 pants | 套装 suit | 睡袋抱被 sleeping bag | 宝宝用品 articles | 宝宝用品 articles |

课后习题：图文导航条设计　　　　技术掌握：图文导航条的制作技法　　　　视频长度：00:02:15

090

✚ 首页　　　　所有分类 ｜ 信用评价 ｜ 汇款信息 ｜ 购物流程 ｜ 售后服务 ｜ 招聘英才　　收藏ME！

课后习题：清爽风格导航条设计　　　　技术掌握：清爽风格导航条的制作技法　　　　视频长度：00:02:21

095

综合练习：首饰欢迎模块设计　　　　技术掌握：首饰欢迎模块的制作技法　　　　视频长度：00:05:17

097

综合练习：优惠欢迎模块设计　　　　技术掌握：优惠欢迎模块的制作技法　　　　视频长度：00:04:21

100

综合练习：冬季衣物模板设计
技术掌握：冬季衣物模板的制作技法
视频长度：00:04:20

106

课后习题：店庆促销活动页面设计
技术掌握：店庆促销活动页面的制作技法
视频长度：00:03:51

102

综合练习：活动日欢迎模板设计
技术掌握：活动日欢迎模板的制作技法
视频长度：00:06:41

107

课后习题：新品上市欢迎页面设计
技术掌握：新品上市欢迎页面的制作技法
视频长度：00:03:37

111

综合练习：古朴收藏区设计
技术掌握：古朴收藏区的制作技法
视频长度：00:02:55

113

综合练习：简洁收藏区设计
技术掌握：简洁收藏区的制作技法
视频长度：00:02:36

115

综合练习：收藏区添加优惠券设计　　　技术掌握：收藏区添加优惠券的制作技法　　　视频长度：00:03:17

118

综合练习：卡通收藏区设计
技术掌握：卡通收藏区的制作技法
视频长度：00:03:29

121

123

课后习题：文字类收藏区　　　　　视频长度：00:03:02
技术掌握：文字类收藏区制作技法

综合练习：新品上市收藏区设计　　　视频长度：00:02:57
技术掌握：新品上市收藏区的制作技法

130

综合练习：简洁型客服区设计
技术掌握：简洁型客服区的制作方法
视频长度：00:02:34

133

综合练习：图文结合类客服区设计
技术掌握：图文结合类客服区的制作方法
视频长度：00:06:00

课后习题：文案类客服区设计
技术掌握：文案类客服区制作技法
视频长度：00:05:51

课后习题：简洁客服区设计
技术掌握：简洁客服区制作技法
视频长度：00:02:34

综合练习：帆布鞋描述页面设计
技术掌握：帆布鞋描述页面的制作技法
视频长度：00:03:15

综合练习：登山包描述页面设计
技术掌握：登山包描述页面的制作技法
视频长度：00:03:48

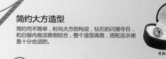

综合练习：女士耳钉描述页面设计
技术掌握：女士耳钉描述页面的制作技法
视频长度：00:04:17

综合练习：新品衣物描述页面设计
技术掌握：描述页面制作技法
视频长度：00:03:41

综合练习：睡衣描述页面设计
技术掌握：睡衣描述页面设计的制作技法
视频长度：00:04:13

综合练习：欧式时尚服装网店设计简介
技术掌握：服装类店铺首页的制作方法
视频长度：00:10:06

综合练习：精巧甜品网店设计简介
技术掌握：食品类店铺首页和活动页面的制作方法
视频长度：00:37:01

综合练习：精巧甜品网店设计简介
技术掌握：食品类店铺首页和活动页面的制作方法
视频长度：00:37:01

综合练习：静默古风装饰网店设计简介
技术掌握：装饰类店铺首页和活动页面的制作方法
视频长度：00:35:26

中文版 **Photoshop**
淘宝网店设计入门与提高

周嘉 编著

人民邮电出版社

北京

图书在版编目（CIP）数据

中文版Photoshop淘宝网店设计入门与提高 / 周嘉编
著. -- 北京：人民邮电出版社，2017.7
ISBN 978-7-115-45854-4

Ⅰ．①中… Ⅱ．①周… Ⅲ．①图象处理软件 Ⅳ.
①TP391.413

中国版本图书馆CIP数据核字(2017)第117588号

内 容 提 要

本书介绍了网店设计概念、网店六大核心区域设计的要点和不同类型网店首页的装饰设计等内容。

本书共 11 课，第 1 课介绍了网店设计的基础内容和概念，第 2 课由浅入深地讲解了 Photoshop 中用于网店设计的重要工具，后面 9 课详细讲解了店招、导航条、首页欢迎模板、收藏区、客服区和商品详情页这六大区域，以及服饰、食品和首饰这 3 种不同类型网店的设计技巧。书中涵盖内容丰富，每个实例不仅有详细的制作流程，还有实例的设计思路、配色和版式的解读等，讲解浅显易懂，实例实用性强，配合清晰、简捷的图文排版方式，使读者的学习变得更为轻松。

本书的配套学习资源包括实例文件、素材文件、视频教学录像和 PPT 教学课件，读者可以通过在线方式获取这些资源，具体方法请参看本书前言。

本书适合网店设计初学者阅读，同时也可以作为相关教育培训机构的教材。

◆ 编 著 周 嘉
　　责任编辑 张丹丹
　　责任印制 陈 犇

◆ 人民邮电出版社出版发行　　北京市丰台区成寿寺路 11 号
　　邮编 100164　　电子邮件 315@ptpress.com.cn
　　网址 http://www.ptpress.com.cn
　　北京画中画印刷有限公司印刷

◆ 开本：787×1092　1/16
　　印张：15　　　　　　　　　彩插：4
　　字数：467 千字　　　　　　2017 年 7 月第 1 版
　　印数：1 – 3 000 册　　　　2017 年 7 月北京第 1 次印刷

定价：59.80 元
读者服务热线：(010)81055410　印装质量热线：(010)81055316
反盗版热线：(010)81055315
广告经营许可证：京东工商广登字 20170147 号

前言
PREFACE

现如今网购已经完全融入了人们的生活中，我们平时会接触到许多网店。店家都想让自己的店铺脱颖而出，赢得顾客的喜爱，因此，设计好店铺是必不可少的。

为了满足越来越多的人对淘宝店铺设计的学习需求，我们编写了本书。本书使用Photoshop软件制作店铺的各大核心区域和典型的网店实例，力求为专业读者和非专业读者提供一套门槛低、易上手的关于淘宝网店设计的学习方案，同时能够满足教学、培训等方面的使用需求。

下面介绍一下本书的基本情况。

内容特色

本书的内容有以下4个特点。

入门轻松：本书使用Photoshop常用的工具进行网店设计，详细讲解每个步骤，力求零基础的读者能轻松入门。

内容丰富：在全面分析网店装修技巧的同时，针对网店装修设计中的六大核心区域的装饰技巧和设计进行了讲解，引导读者逐步完成店铺设计，由零基础到专业的迅速提高，并包含多种不同类型商品的设计实例，从多角度讲解网店设计的技能。

举一反三：书中每个实例均配有学习文件，同时实例设计中含有配色及版式的讲解内容，使读者不仅能轻松掌握具体的操作方法，还可以做到举一反三，融会贯通。

随学随练：每个重要的知识点后面会添加相应的操作练习，让读者掌握工具的具体使用方法。同时，每课配有课后习题，让读者在学完本课内容后继续强化所学内容，加强知识的理解和掌握。

图书结构

本书总计11课内容，分别介绍如下。

第1课讲解网店设计的意义、常见的网店类型和网店设计的一些基础知识。

第2课讲解Photoshop工具的功能和使用方法，包括文件的操作方法、修改图像大小和调整图片的明暗色彩等，以及常用的高级工具的操作。

第3课讲解淘宝首页店招的设计。

第4课讲解淘宝导航条的设计。

第5课讲解淘宝首页欢迎模板的设计。

第6课讲解淘宝收藏区的设计。

第7课讲解淘宝客服区的设计。

第8课讲解商品描述页面的设计。

第9课讲解服装类的店铺设计，如中系、日系、韩系和欧美风格的服装网店版式和配色的讲解，以及欧式服装网店的制作。

第10课讲解食品类的店铺设计，如生鲜果蔬、零食和饮品的食品版式和配色的讲解，以及蛋糕店铺的网店制作。

第11课讲解饰品类的店铺设计，如自然类、古风类和浪漫类的饰品网店版式和配色的讲解，以及古风首饰店铺的制作。

学习资源

为了方便读者学习，本书提供了丰富的学习（教学）资源，具体如下。

素材文件及实例源文件（含操作练习、设计实例和课后习题）。

多媒体视频教学录像（含操作练习、设计实例和课后习题）。

配套PPT教学课件（供授课老师教学或备课使用）。

版面结构

本书的结构由软件讲解、操作练习、综合练习和课后习题4个部分组成。书中共分为11课，每一课除了不同类型的设计实例，还有相应的实操练习供读者边学边练。示例按照从实例讲解到操作的顺序排列，任何人都能轻松学习。

操作练习
主要是操作性较强又比较重要的知识点的实际操作小练习，使读者通过边学边操作来加深理解。

小提示
帮助读者理解操作步骤、延伸知识点或提示相关知识。

课后习题
针对本课某些重要内容进行无参考的巩固练习，加强独立完成的能力。

实例、素材位置
列出了该练习的素材、实例文件在下载资源中的位置，方便读者查找。

技术掌握
描述通过该练习应掌握哪些知识点。

综合练习
针对当课内容做综合性的操作练习，实例相对于"操作练习"更加完整，操作步骤略微复杂。

效果图
操作最终完成文件的预览图。

本课笔记
用于读者对学到的知识、产生的问题等进行记录。

联系我们

本书所有的学习资源文件均可在线下载（或在线观看视频教程），扫描封底的"资源下载"二维码，关注我们的微信公众号即可获得资源文件的下载方式。资源下载过程中如有疑问，可通过我们的在线客服或客服电话与我们联系。在学习的过程中，如果遇到问题，也欢迎您与我们交流，我们将竭诚为您服务。

资源下载

您可以通过以下方式来联系我们。

客服邮箱：press@iread360.com

客服电话：028-69182687、028-69182657

作者
2017年5月

说明：刷蓝底色的为综合练习

目 录
CONTENTS

鲜芒果店贴
"鲜芒果"趣味字体设计的制作技法

家电展示页面
电压锅组合展示制作技法

第3课
淘宝首页店招设计

53

时尚女装店招设计 时尚女装店招的制作技法

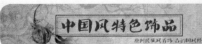
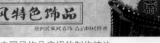

中国风饰品店招设计 中国风饰品店招的制作技法

可爱风格店招设计 可爱风格店招的制作技法

个性甜品店招设计 个性甜品店招的制作技法

简洁风格导航条设计　简洁风格导航条的制作技法

阳光风格导航条设计　阳光风格导航条的制作技法

冬季衣物模板设计
冬季衣物模板的制作技法

活动日欢迎模板设计
活动日欢迎模板的制作技法

卡通收藏区设计
卡通收藏区的制作技法

收藏区添加优惠券设计　　收藏区添加优惠券的制作技法

图文结合类客服区设计
图文结合类客服区的制作方法

文案类客服区设计
文案类客服区制作技法

简洁型客服区设计
简洁型客服区制作方法

欧式时尚服装网店设计简介
服装类店铺首页的制作方法

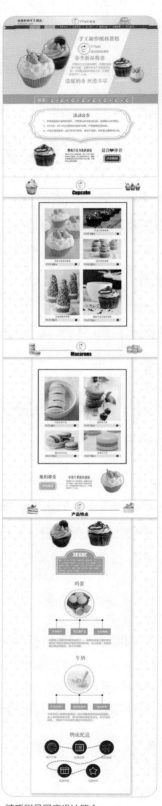

精巧甜品网店设计简介
食品类店铺首页和活动页面的制作方法

静默古风装饰网店设计简介
装饰类店铺首页和活动页面的制作方法

01

第1课
对网店设计的初步了解

本课主要介绍网店的基础知识，了解网店是什么，网店所包含的内容和常见的电商类型等，让读者对网店设计有一个大致的了解。

课堂学习目标

- 网店设计的意义
- 常见电商平台及其配色
- 如何确定网店的设计风格
- 网店文字和版式的表现
- 网店设计中的误区
- 网店网页的版式布局

1.1 什么是网店设计

网店设计是淘宝店铺运营中重要的一环，网店设计的好坏将直接影响购买者对于网店的最初印象。首页、详情页面设计得美观丰富，顾客才会有兴趣继续了解产品更加详细的信息，才会产生购买的欲望并且下单。所以，网店设计实际上就是通过对店铺整体的设计，将网店中各个区域的图像进行美化，网店整体的展示如图1-1所示。

1.2 网店设计的意义

网店设计对于网络上的店家来说，一直都是一个热门的话题，店家们对于网店设计的意义、目标和内容一直存在着众多的观点。无论是一个实体的店面，还是一个网络店铺，它们都是一个交易的场所，其核心就是促进交易的进行。所以，设计时不妨从形象美观、空间使用率以及购物体验来探寻网店设计的意义。

1.2.1 获取店铺的信息

网络店铺的装修设计可以起到一个品牌识别的作用，对于实体店铺来说，形象设计能为商店塑造更加完美的形象，加深消费者对企业的印象。同样，建立一个网店，也需要设定出自己店铺的名称、独具特色的Logo和区别于其他店铺的色彩和装饰的视觉风格。在网店首页中，可以提取很多的重要信息——店铺名称、Logo、店铺配色风格和销售的商品等，如图1-2所示。

图1-2

图1-1

1.2.2 掌握更多的商品信息

在网店设计的页面中，能够获取的信息有限，并且鉴于网店营销的特点，所以对单个商品提供了单独展示的平台，即商品详情页面。

商品详情页面设计的好坏，直接影响到商品的吸引力和销售。顾客往往是因为直观、权威的信息而产生购买的欲望，所以必须美观、丰富和有效地将商品信息进行组合和编排，这样才能加深顾客对于商品的了解程度。

通过对商品详情页面进行设计，使顾客能更直观、明了地掌握商品的信息，增加顾客的购买兴趣，图1-3和图1-4所示为商品更加详细的内容页面。

对于网络购物的消费者来说，其花费在购物上的时间是计入其购物成本当中的，因此我们需要像实体店铺一样来增加一个虚拟网店空间的利用率和用户的有效接触率。要完成这两个目的，既需要提升网店空间的使用率，通过装修设计来缩短顾客对于信息的理解，让单一的网店容纳更多的产品信息，又需要在产品之间的关联和产品分类的优化上下工夫，从而给予消费者最大的选购空间。

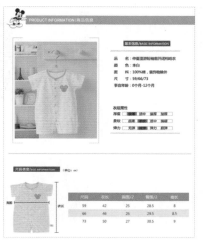

图1-3

1.3 常见电商平台及其配色

常见的电商包括淘宝、京东和唯品会等，这些电商下面都有很多的个体商家，通过观察可以看到这些电商网页设计各自拥有的特点，大多数都是以红色或者暖色调的设计为主。

1.3.1 淘宝和天猫

市场占有量占优势的阿里巴巴集团，经营着多项电商平台业务，旗下包含淘宝网、天猫和闲鱼等。从网页中可以观察到淘宝网的色调为橘红色、天猫的色调为大红色，它们通过细微的差异来体现不同的特点，接下来将对它们各自的配色和设计进行分析。

橘红色调为主的淘宝网色彩鲜艳醒目，富有很强的视觉冲击力，给人一种积极乐观的感觉。在商家店铺中，大部分区域的线框和按钮的色彩也均为橘红色，能够传递出温暖、舒服的感觉，拉近店家与顾客的距离，淘宝页面如图1-5所示。

图1-4

图1-5

大红色调为主的天猫商城给人视觉上强烈的震撼感，通过与黑色、白色的按钮进行搭配，能够体现出一定的品质感，与天猫商城的商家让人安全放心的属性一致。此外，这样的配色能够给顾客一定程度上的振奋和权威之感，天猫页面如图1-6所示。

图1-6

1.3.2 苏宁易购

苏宁易购是大型的家电购物中心，其页面的配色与Logo的配色一致，主要以橘黄色为主，并且配色纯度较高，给人以强烈的视觉冲击力，又有活泼、愉悦的氛围，具体配色和界面如图1-7所示。

图1-7

1.3.3 唯品会

唯品会是一家做特卖的网站，主要针对的客户为女性消费者，因此在色彩上采用了女性喜爱的玫红色，这样的搭配可以突出典雅和明快的感受，能够制造出热门而活泼的效果，更容易被女性顾客接受，网站首页如图1-8所示。

图1-8

1.4 收集装修所需的设计素材

在进行网店设计的过程中，为了获得最佳的画面效果，会使用很多素材对画面进行修饰。如使用光线效果图对文字和金属质感的商品进行装饰，利用花卉素材对标题栏或导航条进行点缀，用碎花素材对画面的背景进行布置等，在这些操作中都需要用到设计素材。

与商品照片素材不同的是，设计素材大部分都起着修饰和点缀的作用，其大部分都为矢量素材，将这些图片进行合理的应用，可以让设计的画面更加精致，图1-9~图1-11所示为不同风格的装饰素材。

图1-9

图1-10

图1-11

设计素材大部分都是通过网络下载得到的，当然，如果设计者有足够的时间、耐心和想法，也可以自己动手绘制。常见的设计素材网站有昵图网、素材天下、素材中国、千图网和站酷等，平时在浏览网页的时候看到好的设计和素材也可以对其进行收集，为之后的设计做准备工作。

1.5　了解色彩的基本要点

接下来我们来了解网页画面。在浏览了众多的网站后，可以发现这样一个规律。在浏览的过程中顾客会被店铺中的色彩所吸引，然后才会根据色彩的走向对画面的主次进行逐一了解。本小节就将对色彩的基础进行讲解，这些基础知识也是后期网店设计配色、素材搭配的关键所在。

1.5.1　色彩的种类

为了便于认识网店设计配色中的色彩变化，认识色彩的基本属性与基本规律，必须对色彩的种类进行分类与了解。色彩按照色系划分，可以分为有彩色和无彩色两类。

无彩色是指黑色、白色和各种深浅不一的灰色，除此之外，其他所有的颜色都属于有彩色。无彩色和有彩色在网店设计中都占有举足轻重的地位，无论是以有彩色为主题的画面效果，还是以单纯黑白灰的无彩色构成的画面效果，都能给人带来一种奇幻无比的视觉感受。当我们充分合理地利用好了色彩的类别与特性，便可以使网店设计的画面获得意想不到的效果。

1.有彩色

有彩色指的是带有一种标准色倾向的色彩。光谱中的全部颜色都属于有彩色，而有彩色以红、橙、黄、绿、蓝、紫为基本色，其中基本色之间不同量的混合以及与黑、白、灰之间的不同量组合，会产生成千上万的有彩色。

有彩色中的任何颜色都具有三要素，即色相、明度和纯度。在图形制作的过程中，根据有彩色的特性，通过调整其色相、明度以及纯度之间的对比关系，或通过各色彩间面积的调和，可搭配出色彩斑斓、变化无穷的网店设计画面效果。

2.无彩色

在色彩的概念中，很多人都习惯把黑、白、灰排除在外，认为它们是没有颜色的。其实在色彩的秩序中，黑色、白色以及各种深浅不同的灰色系列，都称为无彩色系。以这3种色调为主构成的画面也别具一番风味，在进行店铺设计的配色中，为了追求某种意境或者氛围，有时会使用无彩色来进行搭配。无彩色没有色相的种类，只能以明度的差异来区分，无彩色没有冷暖的色彩倾向，因此也被称为中性色。

无彩色中的黑色是所有色彩中最暗的色彩，通常能够给人以沉重的印象，而白色是无彩色中最容易受到环境影响的一种颜色，如果设计的画面中白色的成分越多，画面效果就越单纯。白色和黑色中间的灰色具有平凡、沉默的特征，很多时候作为网店设计中调节画面色彩的一种颜色，可以给人安全感和亲切感。

1.5.2　色彩的三要素

我们所看到的网店设计的颜色中，虽然各种画面千差万别，各不相同，但是任何画面的色彩都具备3个基本的特性，即色相、明度和纯度，通常称为色彩的三要素，也就是色彩的三属性。色彩的三要素是影响色彩的主要因素，色彩也可以根据这3个要素进行体系化的归类，要想在网店设计中灵活地运用色彩，必须充分地了解色彩三要素。

1.色相

色相是色彩的最大特征，色相是由色彩的波长决定的，以红、橙、黄、绿、蓝、紫代表不同特性的色彩相貌，构成了色彩体系中的最基本色相，色相一般由纯色表示，图1-12和图1-13所示分别为色相的纯色块表现形式和色相间的渐变过渡形式。

| 图1-12 | 图1-13 |

在进行网店设计的配色中，选择不同的色相，会对画面整体的情感、氛围和风格等产生影响，图1-14所示的画面的主要配色的色相都偏向于暖色，整个配色给人奔放、活泼的感觉；图1-15所示的画面的主要配色的色相都偏向于冷色，整个配色给人理智、睿智和青春的感觉。

| 图1-14 | 图1-15 |

2.明度

明度是指颜色的深浅和明暗程度，任何色彩都存在明暗变化，明度适用于表现画面的立体感和空间感。同一种色相会有不同的亮暗差别，最容易理解的就是由白色变成黑色的无彩色，其中黑色是最暗的明度；过渡的灰色是中间明度；白色是最亮的明度，其过程表现为渐变效果。

在网店设计的配色过程中，明度也是决定文字可读性和修饰素材实用性的重要元素，在设计画面整体印象不发生变动的前提下，维持色相、纯度不变，通过加大明度差距的方法可以增添画面的张弛感。同时，色彩的明暗度也会随着光的明暗度的变化而变化，色彩的明度越高，图像的效果就越明显、清晰；明度越低，则图像的效果就越灰暗、低沉。在网店设计的配色中，明度也是色彩的"骨骼"，色彩的明度差异比色相的差别更容易让人将主体对象从背景中区分出来，图像与背景的明度越接近，辨别图像就越困难，图1-16所示为不同背景颜色明度下图像呈现各不相同的效果。

在网店设计的过程中，除了要考虑整个画面的明度以外，还要注意把握不同色相之间的明度差异，通过色相之间的明度差异来突出画面的主体部分。不同色相的光的振幅不同，如红色振幅虽然宽，但波长也长；黄色虽然振幅与红色相当，但是它的波长短，而我们感受到的红色比黄色的明度要弱，在有彩色中，黄色的明度最强，紫色最弱。

3.纯度

纯度通常是指色彩的鲜艳程度，也称为色彩的饱和度、彩度、鲜度和灰度等，它是灰暗与鲜艳的对照，即同一种色相是相对鲜艳或灰暗的。纯度取决于该色中含色成分和消色成分的比例，饱和度值越大，图像的颜色越鲜艳。

通常我们把纯度分为9个不同的阶段，其中1~3阶段的饱和度为低饱和度；4~6阶段的饱和度为中饱和度；7~9阶段的饱和度为高饱和度。从饱和度的色阶阶段表中可以看到，饱和度越低，越趋于黑

图1-16

色；饱和度越高，色彩就越趋于纯色。

　　色彩的饱和度决定了色彩的鲜艳程度，饱和度越高的色彩，其图像的效果给人的感觉越艳丽，视觉冲击力和刺激力就越强；相反，色彩的饱和度越低，画面的灰暗程度就越明显，其产生的画面效果就越柔和，甚至是平淡。因此，在网店设计的配色过程中要把握好色彩的饱和度，才能营造出不同的视觉画面，让色彩的视觉效果与店铺的风格一致，如图1-17所示的店铺配色。

1.6 暖色系和冷色系

　　在生活的环境中，因为长期积累的认识、主观意向以及人类自身的生理反应，导致人类对色彩也会产生出一种习惯性的反应与心理暗示。就色彩的冷暖而言，可以将色调分为冷色调和暖色调。色彩的冷暖感觉是色彩给予人类的一种视觉印象，在顾客浏览网站设计画面的过程中，自然而然地就会产生一种直觉的冷暖感应。因此在配色中，要让画面色彩的冷暖感与商品和店铺的风格一致。

　　根据色彩温度的不同，可以把颜色大体上分为暖色和冷色，其中暖色是指红色、黄色和橙色等系列的颜色，能给人以温暖的感觉；而冷色是指蓝色、绿色和紫色等系列的颜色，给人以冰冷的感觉。在表现刺激、活泼、热情和奔放等气氛的时候，可以选择暖色系；在表现冷清、稳重和清爽等气氛时，则可以选择冷色系，因此，把握好色彩的冷暖就能搭配出不同情感的网店设计效果。

图1-17

1.6.1 暖色系色彩的性格和表现

　　如果在设计的网店画面中融入大量以红色、橙色为主的色调时，画面会呈现出温暖、热情的感觉，此类的配色通常被称为暖色调。暖色调可以赋予画面热烈、活泼之感，能够使人情绪高涨，通常被认为是刺激神经系统的色彩。从色彩本身的功能上来看，红色是最具有兴奋作用的，也是最具热情和温暖的颜色。

　　对于追求温暖感的网店设计而言，暖色系常使人联想到火热的夏季、鲜红的植物和热闹的氛围等。当想要表现温暖的感觉时，选用暖色系，即可营造出强烈的火热氛围，给人热情、喜庆的感觉。使用暖色调作为主要配色，营造出一种活跃、欢庆的氛围，鲜艳的配色给人强烈的视觉震撼感，产生悦动、狂热的心理反应，如图1-18和图1-19所示。

图1-18

图1-19

1.6.2 冷色系色彩的性格和表现

　　当网店的设计画面中出现较多的以蓝色为主的冷色调时，画面会呈现出令人感觉到沉静的氛围，让人的心里有种稳重、沉着和凉爽的感觉。冷色系相对于暖色系具有压抑心理亢奋的作用，令人感觉到冰凉、深沉等意向。其中蓝色最具有清凉、冷静的作用，其他明度、纯度较低的冷色系也都具有使人感觉到镇静的作用，但是要注意到冷色系的度，如果画面太阴暗会使人感觉到消极，打消顾客购买东西的欲望。画面如果以蓝色为主色调，这时候具有明度变化的蓝色会显得寂静而洁净，整个画面协调而统一，给人以镇静、高档的感觉，如图1-20所示。

图1-20

冷色系除了可以让人感受到一种冷清、空荡的感觉外，还可以让人感觉到如冰块般的寒冷、刺激的凉意。网店设计的过程中，在夏季时节或者是表达一种价格低至极致的感觉时，设计者通常都会使用蓝或蓝绿这种冷色系的代表色彩进行配色，传递出凉意，让顾客深切地感受到这种视觉效果，如图1-21所示。

图1-21

冷暖的关系是相对而言的，冷色系容易使人联想到白雪皑皑的冬季、湛蓝的湖泊和幽蓝的冰雪，以冷色为主的冷色基调通常会给人造成寒冷、清爽和单薄的印象，并且在色彩纯度和明度都很低的色调下，能够形成比实际画面更加具有冲击力的视觉效果。色彩的纯度是影响色彩冷暖感的一个较大的因素，通常情况下，纯度越高的色彩，给人的寒冷感越强烈，如图1-22所示，可以感受到这种变化带来的视觉效果。

图1-22

1.7 配色方法

从视觉的角度而言，最先感知的便是网店设计画面中的色彩，任何色彩都具备色相、明度和纯度3个基本要素，如何正确运用常见的配色方案，是网店设计者必备的技能。配色的目的是制造美的色彩组合，而和谐是色彩美的首要前提，和谐色调让人感觉到愉悦，同时还能满足人们视觉上的需求以及心理上的平衡。

一组色彩没有对比就失去了刺激神经的因素，但是，只是对比又会造成视觉的疲劳和精神的紧张，所以，色彩搭配既需要对比来产生刺激，又需要适度的调和以达到美的享受。

色相一致的调和配色

色相一致的调和配色，是在保证色相大致不变的前提下，通过改变色彩的明度和纯度来达到配色的效果，这类配色方式保持了色相上的一致性，所以色彩在整体效果上很容易达到和谐。这种调和配色可以是相同色彩调和配色、类似色相调和配色和邻近色相调和配色，它们配色的目的都是让画面的色彩和谐而协调，产生层次或者视觉冲击力。如图1-23和图1-24所示，画面中的文字、背景等都使用蓝色进行搭配，通过色相的变化使其产生强烈的差异，也使得画面配色丰富起来，表现出柔和的特性。

图1-23   图1-24

明度一致的调和配色

明度是色彩的明亮程度，是决定配色的光感、明快感和心理作用的关键因素，根据明度的色标，我们将明度分为3个区域，分别是低明度、中明度和高明度。其中高明度的色彩搭配，色彩对比较弱，需要在纯度和色相上进行区分，以求形成一定的节奏感；中明度的色彩搭配给人含蓄稳重的感觉，同时在稳重中彰显一种活泼的感觉；低明度的调和配色对比很弱，很容易取得调和的效果，图1-25和图1-26所示的画面为明度一致的背景色彩搭配。

图1-25

图1-26

纯度一致的调和配色

纯度的强弱代表着色彩的鲜灰程度，在一组色彩中当纯度的水平相对一致时，色彩的搭配会很容易达到调和的效果，随着纯度高低的不同变化，色彩的搭配也会有不一样的视觉感受。高纯度的几种色彩调和需要在色相和明度上进行变化，给人以鲜艳夺目、华丽而强烈的感觉；中等纯度色彩之间进行的搭配，没有高纯度色彩那样耀眼，但是会给人带来稳重大方、含蓄明快的感受，多用于表现高雅、亲切和优美的画面效果；低纯度色彩的色感比较弱，这种色彩间的搭配容易带给人平淡、陈旧的感觉，如图1-27和图1-28所示。

图1-27

图1-28

无彩色的调和配色

无彩色的色彩个性不是很明显，所以，与任何色彩搭配都可以取得调和的色彩效果，可以让无彩色与无彩色搭配，传达出一种经典的永恒的美感；也可以与有彩色搭配，用其作为主要的色彩来调和色彩间的关系。在进行网店设计的构成中，有的时候为了达到某种特殊的效果，或者突显出某个特殊的对象，会通过无彩色调和配色来对设计的画面进行创作。

1.8 文字的重要表现

在网店设计中，文字的表现与商品展示同等重要，它可以对商品、活动和服务等信息进行及时的说明和指示，并且通过合理的设计和编排，让信息的传递更加准确。

1.8.1 常见的字体

字体风格形式多变，如何利用文字进行有效设计与运用，是把握字体最为关键的问题。对文字的风格与表现形式有详细的了解，有助于我们进行字体的设计。常见的字体有多种外形，规整体、线性体、手写体和花饰等，不同的字体可以表现出不同的风格，在网店设计中的应用也各不相同。

1.规整体

利用标准、整齐外形的字体，可以表现出一种规整的感觉，这样的字体是网店设计中常用的字体，它能够准确、直观地传递出商品或店铺的信息。在网店的版面构成中，利用规整的文字，调整字体间的排列间隔，结合不同长短的文字可以很好地表现出画面的节奏感，给人大气、端正的印象。在特价广告中，使用工整的文字对细节进行说明，让画面信息传递更准确、及时，同时让画面显得饱满，张弛有度，如图1-29所示。

2.线性体

线性的字体是指文字的笔画每个部分的宽窄都相当，表现出一种简洁、明快的感觉，在网店设计中较为常用。常用的线性字体有"幼园""方正细圆简体"等，以纤细的线条来修饰清爽的画面，通过线性的字体与之相配，突显出文字精致、简洁的视觉效果，两者之间风格一致，给人留下明快、清爽的印象，如图1-30所示。

图1-29 图1-30

3.手写体

手写体，顾名思义就是指手写风格的字体，手写体的形式因人而异，带有较为强烈的个人色彩。在网店设计中使用手写体，可以表现出一种不可模仿的随意和不受局限的自由性，有时为了迎合整个画面的设计风格，适当地使用手写体可以让店铺的风格表现得更加淋漓尽致。但是手写体在设计中最好与其他字体搭配使用，如果大段文字都使用手写体，很容易产生视觉上的审美疲劳，图1-31展示出了浓浓节日原汁原味的自然风情。

手写体也会因为题材不同而表现得不同，如在表现儿童的天真、活泼时，带有童趣色彩的文字最合适不过，利用色彩鲜艳且笔画逗趣的文字，可以表现出可爱的个性特征，也让画面显得更加轻松有趣，如图1-32所示。

图1-31 图1-32

除了以上介绍的几种较为常用的字体以外，还有书法体、图形文字和意象文字等，它们的外形都各自有各自的特点，且风格迥异。不论什么外形的字体，在进行店铺设计的过程中，只要与画面的风格或者想要表达的意境相同，就能获得满意的视觉效果，同时传递出文字本身所具有的准确信息。

1.8.2 文字的编排

众所周知，在网店设计中添加必要的文字信息除了有传播信息的作用外，还让画面布局变得有条理，同时提高了整体内容的表述力，从而利于顾客进行有效阅读以及接收其主题信息。在实际的设计过程中，不仅需要考虑整体编排的规整性，还要适当地加入带有装饰性的设计元素，以提升画面的美观性，让文字编排更具有设计感。

在文字的编排设计中，为了使设计出来的网店画面能够达到理想中的视觉效果，应当对文字的编排准则进行深入了解。根据排列要求的不同，我们将编排准则归纳为3个部分，其一是文字描述必须符合版面主题的要求，即准确性；其二是段落排列的易读性；其三则是布局的审美性。

1.准确性

在网店设计中，编排文字的准确性不仅指文字所表述的信息要达到主题内容的要求，还要求整体排列风格符合设计对象的形象。只有当文字内容与排列样式都达到画面主题的标准时，才能保证版面文字能够准确无误地传达信息。在新品促销的广告中，使用简洁的词组来对商品名称和信息进行介绍，让词组与图片产生关联性，同时利用文字的准确描述来提高顾客对商品的认识和理解，如图1-33所示。

图1-33

2.易读性

所谓编排的易读性，是指通过特定的排列方式，使文字能在阅读上给顾客带来顺遂、流畅的感觉。在网店的设计中，可以通过多种方式来增强位置的易读性，如宽松的文字间隔、设置大号字体和多种不同字体进行对比阅读等，这些做法都能让段落文字之间产生一定的差异，使文字的信息主次清晰，让顾客容易抓住信息的重点。店铺海报设计中，经常会看到刻意将版面中的部分文字设定为大号字体，并配以适当的间距，同时使用修饰元素对文字的信息进行分割，使它们的阅读性得到了提高，如图1-34所示。

图1-34

在网店设计的文字编排中，编排的方式是多种多样的，而且不同的排列样式所带来的视觉效果也是不同的，根据设计的需要选择合理的编排方式，有助于整体信息的传达。需要注意的是，在进行文字的编排时，还应考虑它本身的结构特点以及段落文字的数量，如当文字的数量过多并且均属于小号字体时，就可以采用首字突出来提升整段文字的注目度。

3.审美性

审美性是指文字编排在视觉上的美观度，美感是所有设计工作中的重要因素，其作用是借用事物的美感来打动顾客，使其对画面中的信息和商品产生兴趣。为了满足编排设计的审美性，会对字体本身添加一些带有艺术性的设计元素，从结构上增添它的美感。图1-35所示的网店主题设计中，通过添加可爱的设计元素，将其与单一的文字组合在一起，利用色彩之间的设计和位置的巧妙安排，增强其趣味性，也提升了整个文字的艺术性。

图1-35

> **小提示**
>
> 网店设计的文字编排中，通过加入艺术字体来提升画面整体的艺术性，可以给顾客以美的感受。值得注意的是，艺术字体的表达内容与风格必须与整个版面的主题以及文字本身的内容相符，否则徒有美感的文字设计，只会给人带来如昙花一现般的视觉感受。

1.8.3 增加字体的感觉

为了增强网店设计页面中阅读的可读性与趣味性，设计时要将富有设计感的字体样式融入画面中，并且这些充满想象力的字体设计，还能起到打破传统编排在布局上的呆板感。在实际的装修设计过程中，我们可以通过多种方式来提升文字在结构上的设计感及设计深度，如运用图形、肌理和描边等辅助元素，让文字的表现更加丰富。

1.连体字让文字整体感增强

连体字就是通过寻找单个字之间存在联系的笔画，通过特定的线条或者形状将其连接在一起，制作出自然、流畅的文字效果。图1-36所示为网站首页欢迎模块的标题文字，通过将部分笔画进行连接，把文字紧密联系在一起，使其呈现出一个完整的外形，更显精致与大气。

图1-36

2.立体字表现出强烈的空间感

立体字是在设计的过程中通过添加修饰形状或者阴影的方式，使字体产生出空间感，再经过文字色彩及明暗的调整，使文字的立体感增强。图1-37所示为网店设计中使用立体字设计的效果，通过立体字的添加，让文字表达力增强，同时让画面的气势得到提升。

图1-37

3.利用设计元素装饰辅助文字

在网店设计的过程中，设计和制作连体字和立体字会花费较长的时间，很多时候，只要合理地运用字体的变化，以及添加恰当的装饰元素，辅助文字的表现，也能实现很好的文字创意设计效果。图1-38所示的就是在文字设计中通过添加素材图案，来增加字体的色差效果，从而使文字的表现更具吸引力。

图1-38

1.9 网店网页的版式布局

设计网店时，为了提高销售业绩，需要制作美观并适合商品的页面。通过利用图片或者文字说明等组合元素，对网页进行布局，以吸引人的眼球，由此提升顾客的购买率，这就是以达到吸引顾客为目的设计的版式布局。

1.9.1 对称与均衡

对称与均衡是统一的，都是让顾客在浏览店铺信息的过程中求得心理上的稳定感。对称与均衡是指画面中心两边或四周的视觉元素具有相同的数量而形成画面均衡感。在对称与均衡中，采用等形不等量或等量不等形的手法组织画面内容，会使画面更加耐人寻味，增强细节上的趣味性，如图1-39所示。

1.9.2 对比与调和

对比与调和看似一对矛盾的综合体，实质上是相辅相成的统一体。其实在很多网站的页面设计中，画面中的各种设计元素都存在着相互对比的关系，为了寻求视觉和心理上的平衡，设计师往往会在对比中寻求能够相互协调的元素，也就是说在对比中寻求调和，让画面在富有变化的同时，又有和谐的审美情趣。

图1-39

对比是差异性的强调，对比的因素存在于相同或者相异性质之间，也就是把具有对比性的两个设计元素相比较，产生大小、明暗和粗细等对比关系。

调和是指强调版面内容与形式上的近似性，在各个设计元素之间寻求共同点，缓和各元素之间的矛盾冲突，使画面呈现出舒适、柔和的效果，如图1-40所示。

1.9.3 虚实与留白

虚实与留白是版式设计中重要的视觉传达手段之一，采用对比与衬托的方式将画面的主体部分烘托出来，使版面层次更加清晰，同时也能使版面更具有层次感，画面主次分明。而为了强调主体，可将主体以外的部分进行虚化处理，用模糊的背景将主体突出，使主体更加明确。但是在网店设计中，通常会采用降低不透明度的方式来进行创作。所谓留白，是指在画面中巧妙留出空白区域，赋予画面更多的空间感，令人产生丰富的想象，如图1-41所示。

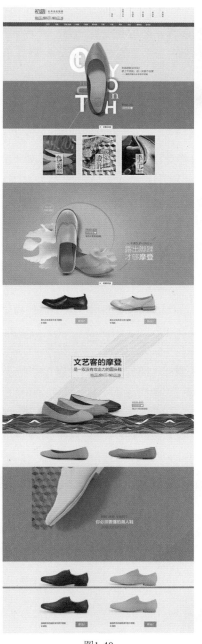

图1-40

图1-41

1.10 网店设计中的误区

在网上可以看到很多卖家的店铺设计得非常漂亮，有些卖家甚至找专业人士设计店铺，面对形形色色的店铺设计，稍不小心就会进入设计的误区。

图片过多过大

在有些店铺的首页设计页面中，店标、公告及商品分类等，会全部使用图片展示，并且这些图片非常大。虽然图片多了，店铺一般会更美观，但却使买家浏览的速度变得非常慢，这会导致店铺的内容不能迅速地被显示出来，或者是重要的公告被快速掠过，这样会让买家失去等待的耐心，从而造成顾客的流失。

动画过多

将店铺布置得像动画一样闪闪发光，如店标、公告和宝贝分类，甚至宝贝的图片、浮动图片等。动画固然可以吸引顾客的视线，但是使用过多的动画会占用大量的宽带空间，网页显示速度也会过慢。

店铺装饰的色彩搭配太多

有些卖家把店铺的色彩搭配得鲜艳华丽，把界面设计得五彩缤纷。色彩总的运用原则应该是"总体协调""局部对比"，也就是说网店页面的整体色彩效果应该是和谐的，只有局部的、小范围的地方可以有一些强烈的色彩对比。在色彩的运用上，可以根据网店的需要，分别采用不同的主色调。店铺的产品风格、图片的基本色调和页面内字体颜色最好与店铺的整体风格对比，这样做出来的整体效果和谐统一，不会让人觉得很乱。

页面布局设计过于复杂

店铺设计布局切忌烦琐复杂，不要把店铺设计成门户类网站。虽然把店铺做成大网站看上去比较有气势，让人觉得店铺很有实力，但是却影响了买家的使用，不合理或者复杂的布局设计会让人眼花缭乱。所以，不是所有的装饰地方都需要装饰，局部地方留白或者不装饰有时候反而会有更好的效果。总而言之，就是要让买家进入店铺首页或者商品详情页面以后，能够顺利地找到自己想要的商品信息，能够很快捷地看清商品的详情。

商品图片尺寸不合理

在设计每块区域的时候，一定要了解清楚该区域规定的尺寸大小，如店招，规定的尺寸为950×150，那在设计的时候一定要遵守尺寸的标准大小。

详情页面中过多的模特图片

有的店家认为顾客喜欢模特图片对商品进行展示，因为模特图片可以真实地反映出商品的大小、外观等，让商品的表现更加真实；但是，殊不知在详情页面中使用过多的模特图片会让详情页面中的信息过载，给顾客造成信息重复的假象。一个商品只要能从几个重要的方位展示即可，因此，在设计详情页面时，要注意把握住信息表现的节奏，切忌因为顾客的喜好而加大某个方面信息的表现，导致不能获得最佳的效果，设计中任何的信息都要适量。

1.11 本课笔记

02

第2课
用Photoshop处理商品

本课将循序渐进地讲解Photoshop的各项功能，再结合商品图片处理进行演示，使读者更加深入地熟悉软件，掌握各项工具的使用方法，并运用工具进行设计制作，最终在后面的设计过程中得心应手。

课堂学习目标

- Photoshop的工作界面
- Photoshop的简单操作
- 商品图片的选取与修复
- 商品图片的调色
- 商品图片的高级合成
- Photoshop设计的高级应用

2.1 Photoshop的界面构成

启动Photoshop CS6，图2-1所示为Photoshop CS6工作界面。工作界面由菜单栏、选项栏、标题栏、工具箱、文档窗口以及各式各样的面板组成。

图2-1

2.1.1 菜单栏

Photoshop CS6的菜单栏中包含11组主菜单，分别是文件、编辑、图像、图层、文字、选择、滤镜、3D、视图、窗口和帮助，如图2-2所示。单击某一个菜单栏打开相应的下级菜单，可通过选择菜单栏中的各项命令编辑图像，如图2-3所示，单击"图像"所对应的菜单下的命令。

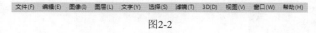

图2-2

图2-3

2.1.2 选项栏

选项栏主要用来设置工具的参数，根据所选的工具不同，工具选项栏上的设置项也不同。如图2-4所示，展示的"矩形工具"的选项栏中的"形状""填充"和"描边"等选项。

图2-4

2.1.3 工具栏

"工具栏"中集合了Photoshop的大部分工具，这些工具共分为8组，分别是选择工具、裁剪与切片工具、吸管与测量工具、绘画工具、修饰工具、路径与矢量工具、文字工具和导航工具；此外，还有一组设置颜色和切换模式的图标，以及一个特殊工具"以快速蒙版模式编辑"，如图2-5所示。

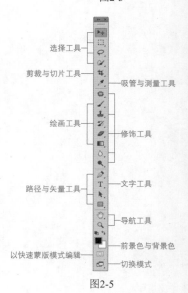

图2-5

图2-6

使用鼠标左键单击一个工具，即可选择该工具，如果工具的右下角带有三角形图案，表示这是一个工具组；在工具上单击鼠标右键即可弹出隐藏的工具，如图2-6所示，使用鼠标右键打开"画笔工具"下隐藏的工具。

> **小提示**
>
> "工具栏"可以单双栏切换，单击"工具栏"顶部的 ▶▶ 按钮，可以将其由单栏变成双栏，如图2-7所示，同时 ▶▶ 按钮会变成 ◀◀ 按钮，再次单击后可以将其还原为单栏。

图2-7

2.1.4 标题栏

打开一个文档，Photoshop会自动创建一个标题栏。在标题栏中会显示这个文件的名称、格式、窗口缩放比例以及颜色模式等信息，如图2-8所示。

图2-8

2.1.5 状态栏

状态栏位于工作界面的最底部，可以显示当前文档的大小、文档尺寸、当前工具和窗口缩放比例等信息，单击状态栏中的三角形图标，可设置要显示的内容，如图2-9所示。

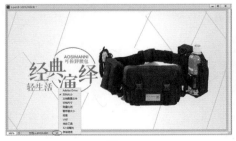

图2-9

2.2 文件的基本操作

在Photoshop中对文件进行编辑前首先要了解文件的基本操作，包括新建、打开和储存文件等。

2.2.1 新建文件

命令：执行"文件>新建"菜单命令　　作用：新建一个空白文件　　快捷键：Ctrl+N

制作一张新图像，在Photoshop中新建一个文件，执行"文件>新建"菜单命令或按快捷键Ctrl+N，如图2-10所示。打开"新建"对话框，如图2-11所示，在对话框中可以设置文件的名称、尺寸、分辨率和颜色模式等。

新建选项介绍

名称： 用于设置文件的名称，默认情况下的文件名为"未标题-1"。

宽度/高度： 用于设置文件的宽度和高度，在右侧的下拉列表中能选择单位，常用的有"像素""英寸""厘米""毫米"等，如图2-12所示。

图2-10　　　　　　　　图2-11

分辨率： 用于设置文件的分辨率，其单位有"像素/英寸"和"像素/厘米"两种，如图2-13所示。图像的分辨率越高，印刷出来的质量就越好。

颜色模式： 用来设置文件的颜色模式，颜色模式可以选择"位图""灰度""RGB颜色""CMYK颜色"和"Lab颜色"，如图2-14所示。颜色深度可以选择"1位""8位""16位"和"32位"，如图2-15所示。

背景内容： 设置文件的背景内容，有"白色""背景色""透明"3个选项，如图2-16所示。

图2-12　　　　图2-13　　　　图2-14　　　　图2-15　　　　图2-16

小提示

如果设置"背景内容"为"白色"，那么新建文件的背景色就是白色；如果设置"背景内容"为"背景色"，那么新建文件的背景色就是Photoshop当前设置的背景色；如果设置"背景内容"为"透明"，那么新建文件的背景就是透明的，如图2-17所示。

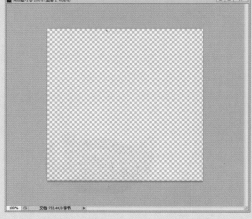

图2-17

新建操作演示

第1步：启动Photoshop CS6，执行"文件>新建"菜单命令，如图2-18所示。

第2步：在弹出的"新建"对话框中，设置"名称"为"商品图像文件"，其他参数如图2-19所示；设置完成后，单击"确定"按钮，即可新建一个空白的图像文件。

图2-18   图2-19

> **小提示**
>
> 在Photoshop中分辨率一般设置为72像素/英寸（默认）；若将图像用于印刷，则分辨率值不能低于300像素/英寸。

2.2.2 打开商品图像

命令：执行"文件>打开"菜单命令　　作用：打开文件　　快捷键：Ctrl+O

在Photoshop软件中经常需要打开一个或多个商品文件进行编辑和修改，其可以打开多种文件格式，也可以同时打开多个商品文件，执行"文件>打开"菜单命令即可完成操作，如图2-20所示。

打开操作演示

第1步：启动Photoshop CS6，执行"文件>打开"菜单命令或者按快捷键Ctrl+O，在弹出的"打开"对话框中选择需要打开的文件，如图2-21所示。

第2步：单击"打开"按钮打开文件，或双击文件，打开一张商品素材图片，如图2-22所示。

图2-20

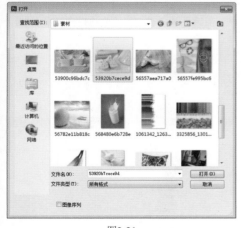

图2-21   图2-22

> **小提示**
>
> 在打开文件时，如果找不到想要打开的文件，可能有以下两个原因。
>
> 第一个：Photoshop不支持这个文件格式。
>
> 第二个："文件类型"没有设置正确。例如，设置"文件类型"为JPEG格式，那么在打开的对话框中就只能显示这种格式的图像文件。

2.2.3 存储文件

命令：执行"文件>存储"菜单命令、执行"文件>存储为"菜单命令

作用：将文件进行保存、将文件另外保存一份　　　　**快捷键**：Ctrl+S、Shift+Ctrl+S

在Photoshop软件设计商品文件时，需要经常保存商品文件，Photoshop可保存多种文件格式，如图2-23所示。

存储操作演示

第1步：启动Photoshop CS6，执行"文件>打开"菜单命令，打开一张素材图片，再执行"文件>存储为"菜单命令，如图2-24所示。

第2步：弹出"存储为"对话框，设置文件的保存路径、文件名称和格式，如图2-25所示。设置完成后，单击"保存"按钮 保存(S) 后弹出信息提示框，如图2-26所示。单击"确定" 确定 按钮即可保存文件。

图2-23

图2-24

图2-25

图2-26

小提示

当前编辑的商品文件只有在没有被保存过的情况下，才会弹出信息提示框。若文件被保存过则不会弹出信息提示框，而是直接保存。

2.3 商品图片的基本调整

2.3.1 调整商品图片的图像大小

命令：执行"图像>图像大小"菜单命令

作用：修改图像的大小　　　　**快捷键**：Ctrl+Alt+I

商品图片的图像越大，所占的空间也会越大，更改商品的图像尺寸，会影响商品图像的显示效果，执行方法如图2-27所示。

图像大小操作演示

第1步：启动Photoshop CS6，执行"文件>打开"菜单命令，打开一张商品素材图片，如图2-28所示。

图2-27

第2步：执行"图像>图像大小"菜单命令，弹出"图像大小"对话框，如图2-29所示。

第3步：在"图像大小"对话框中更改图像的尺寸，减小文档的"宽度"和"高度"值，就会减少像素的数量，如图

2-30所示，再单击"确定"按钮 确定 ，虽然肉眼看不出图像的质量变化，但图像的大小明显小了很多。

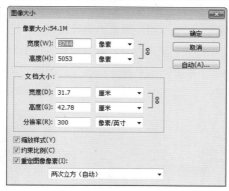

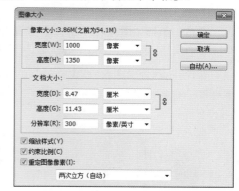

图2-28　　　　　　　　　　　图2-29　　　　　　　　　　　图2-30

第4步：若提高文档的分辨率，则会增加新的像素，此时虽然图像尺寸变大，但图像的质量并没有提升，导致画面被强行放大，品质下降，如图2-31所示。

2.3.2　调整商品图片的画布大小

命令：执行"图像>画布大小"菜单命令
作用：对画布的宽度、高度、定位和扩展背景颜色进行调整
快捷键：Ctrl+Alt+C

在Photoshop软件中，画布指的是实际打印的工作区域，图像画面尺寸的大小是指当前商品图像周围工作空间的大小，改变画布大小会直接影响商品图像最终的输出效果，执行方法如图2-32所示。

图2-31

画布大小操作演示

第1步：启动Photoshop CS6，执行"文件>打开"菜单命令，打开一张商品素材图片，如图2-33所示。

第2步：执行"图像>画布大小"菜单命令，弹出"画布大小"对话框，在"新建大小"选项区设置"宽度"为30厘米，如图2-34所示。

第3步：设置完成后，单击"确定"按钮 确定 ，即可完成对文件的"画布大小"的调整，如图2-35所示。

图2-32

图2-33　　　　　　　　　　图2-34

图2-35

小提示

当新画布大小小于当前画布大小时，Photoshop会对当前画面进行裁切，并且在裁切前会弹出警告对话框，如图2-36所示。提醒用户是否继续进行裁切操作，单击"继续"按钮将进行裁切，单击"取消"按钮将停止裁切。

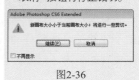

图2-36

2.3.3 旋转商品图片

命令：执行"图像>图像旋转"菜单命令   **作用：对画布进行旋转**   **图像旋转操作演示**

第1步：启动Photoshop CS6，执行"文件>打开"菜单命令，打开一张商品素材图片，如图2-37所示。

第2步：执行"图像>图像旋转"菜单命令，单击"水平翻转画布"，如图2-38所示，效果如图2-39所示。

图2-37

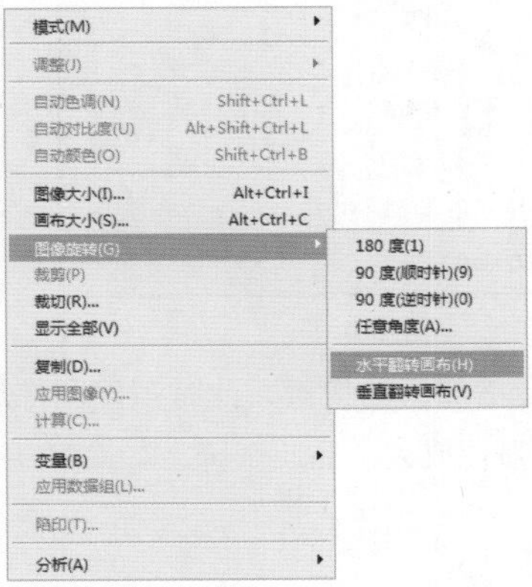

图2-38

图2-39

2.3.4 商品图片自由变换

作用：对图像进行旋转、缩放、扭曲、透视   **快捷键：Ctrl+T**   **自由变换操作演示**

第1步：启动Photoshop CS6，执行"文件>打开"菜单命令，打开一张商品素材图片，按快捷键Ctrl+T调出自由变换框调整图像，当光标变为"旋转箭头"时旋转一定的角度，如图2-40所示。

第2步：当光标变为"缩放箭头"时缩放图片大小，如图2-41所示，调整到合适的大小后，按Enter键确定图片。

图2-40

图2-41

2.4 商品图片的选取和抠图技巧

抠图是图像处理中最常用的操作之一，将图像中需要的部分从画面中精确地提取出来，我们就称其为抠图，抠图是后续图像处理的重要基础。在淘宝店铺里，经常需要对宝贝图像进行处理，抠图是宝贝图像处理的一个重要功能，这个功能可以将一张宝贝图像里需要的部分抠出移动（复制）到另一张图像里去，而不会将其他不要的部分同时移动过来，也就是把图片或影像的某一部分从原始图片或影像中分离出来成为单独的图层，主要功能是为了后期的合成做准备。

2.4.1 选框工具

命令:"矩形选框工具" ⬚、**"椭圆选框工具"** ○   **作用:建立选取并编辑选区内的像素**

如果要在Photoshop中处理图像的局部效果,就需要为图像指定一个有效的编辑区域,这个区域就是选区。

选框工具操作演示

第1步:启动Photoshop CS6,执行"文件>打开"菜单命令,打开一张商品素材图片,单击"矩形选框工具" ⬚,在图像上单击并按住鼠标左键不放拖动鼠标,即可创建一个选区,如图2-42所示。

第2步:按住Shift键的同时,在图像上单击并按住鼠标左键不放拖动鼠标,即可创建正方形选区,如图2-43所示。"椭圆选框工具"与"矩形选框工具"的使用方法相同。

图2-42   图2-43

> **小提示**
>
> 在创建完选区以后,如果要移动选区内的图像,可以按V键选择"选择工具" ▶,然后将光标放在选区内,当光标变成剪刀状时拖曳光标即可移动选区内的图像。

2.4.2 套索工具

"套索工具" ○主要用于获取不规则的图像区域,有较强的手动性,可以获得比较复杂的选区。套索工具主要包含3种,即"套索工具" ○、"多边形套索工具" ▷和"磁性套索工具" ▷。

1.套索工具

命令:"套索工具" ○   **作用:自由绘制选区**   **套索工具操作演示**

第1步:使用"套索工具" ○可以非常自由地绘制出形状不规则的选区。选择"套索工具" ○后,在图像上按住鼠标左键并拖曳光标绘制选区,如图2-44所示。

第2步:当松开鼠标左键时,选区将自动闭合,如图2-45所示。

> **小提示**
>
> 在使用"套索工具" ○绘制选区时,如果在绘制过程中按住Alt键,松开鼠标左键以后(不松开Alt键),Photoshop会自动切换到"多边形套索工具" ▷。

图2-44   图2-45

2.多边形套索工具

> **命令："多边形套索工具"**  **作用：绘制多边形选区**

"多边形套索工具" 与"套索工具"使用方式类似。"多边形套索工具"适用于创建一些转角比较强烈的选区，如图2-46所示。

> **小提示**
> 在使用"多边形套索工具"绘制选区时按住Shift键，可以在水平方向、垂直方向或45°方向上绘制直线。另外，按Delete键可以删除最近绘制的直线步骤。

图2-46

3.磁性套索工具

> **命令："磁性套索工具"** **作用：自动识别对象的边界绘制选区**

磁性套索工具选项介绍

磁性套索工具选项栏如图2-47所示。

图2-47

宽度：可以设置捕捉像素的范围。

对比度：可以设置捕捉的灵敏度。

频率：可以设置定位点创建的频率。

磁性套索工具操作演示

使用"磁性套索工具"可以自动识别对象的边界，特别适合于快速选择与背景对比强烈且边缘复杂的对象。单击"磁性套索工具"，将鼠标移动在需要选择的图像上，套索边界会自动对齐图像的边缘，如图2-48所示。

图2-48

> **小提示**
> 当勾选完比较复杂的边界时，还可以按住Alt键切换到"多边形套索工具"，以勾选转角比较强烈的边缘。

2.4.3 选择工具

自动选择工具可以通过识别图像中的颜色，快速绘制选区，包括"快速选择工具"和选择"魔棒工具"。

1.快速选择工具

> **命令："快速选择工具"** **作用：通过调节画布大小来选择区域**

快速选择工具选项介绍

快速选择工具选项栏如图2-49所示。

图2-49

新选区：选择该按钮，可以创建一个新的选区。

添加到选区：选择该按钮，可以在原有选区的基础上添加新的选区。

从选区减去：选择该按钮，可以在原有选区的基础上减去当前绘制的选区。

画笔选择器：单击按钮，可以在弹出的"画笔选择器"中设置画面的大小、硬度、间距、角度和圆度，如图2-50所示。

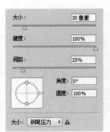

图2-50

2.魔棒工具

命令: "魔棒工具"  **作用: 通过调节容差值来选择区域**

魔棒工具选项介绍

魔棒工具选项栏如图2-51所示。

图2-51

容差: 决定所选像素之间的相似性或差异性,其取值范围0~255。

魔棒工具操作演示

第1步: 打开一张商品素材图片,当我们将"容差"设置为10时,单击图像所呈现的效果如图2-52所示。容差数值越低,对像素的相似程度的要求越高,所选的颜色范围就越小。

第2步: 当我们将"容差"设置为60时,单击图像所呈现的效果如图2-53所示。容差数值越高,对像素的相似程度的要求越低,所选的颜色范围就越广。

图2-52

图2-53

2.4.4 钢笔工具

命令: "钢笔工具"  **作用: 绘制任意形状的直线或曲线路径**

使用Photoshop中的"钢笔工具"可以绘制出很多图形,包含"形状""路径"和"像素"3种。在绘制前,首先要在工具选项栏中选择一种绘图模式,然后才能进行绘制。

钢笔工具选项介绍

钢笔工具选项栏如图2-54所示。

图2-54

形状: 在选项栏中选择"形状"绘图模式,可以在单独的一个形状图层中创建形状图形,并且其会保留在"路径"面板中,如图2-55所示。

路径: 在选项中选择"路径"绘图模式,可以创建工作路径,工作路径不会出现在"图层"面板中,只出现在"路径"面板中,如图2-56所示。路径可以转换为选区或者用来创建矢量蒙版,当然也可以对其进行描边或填充。

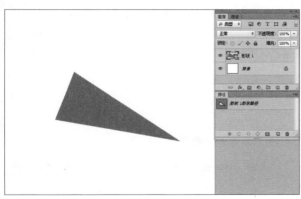

图2-55

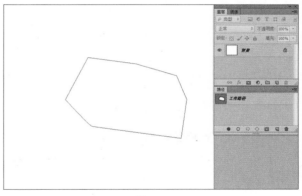

图2-56

像素：在选项栏中选择"像素"绘图模式，可以在当前图像上创建位图图像，这种绘图模式不能创建矢量图像，因此在"路径"面板也不会出现路径。

> **小提示**
>
> 使用钢笔工具在绘制路径的时候，如果按住Ctrl键，则会临时切换为直接选择工具；如果按住快捷键Alt+Ctrl，则可以临时切换为路径选择工具；如果按住Alt键，则可以临时转换为转换点工具。

操作练习 使用椭圆选框工具抠取商品

- 实例位置：实例文件>CH02>操作练习：利用椭圆选框工具对商品抠取.psd
- 素材位置：素材文件>CH02>01.jpg、02.jpg
- 技术掌握：使用椭圆选框工具抠取商品的方法

操作步骤

01 启动Photoshop CS6，打开"素材文件>CH02>01.jpg"文件，如图2-57所示。

02 使用"椭圆选框工具" 按住Shift键绘制正圆选区，如图2-58所示，然后按快捷键Ctrl+J复制选区内容，接着隐藏原素材图层，效果如图2-59所示。

03 导入"素材文件>CH02>02.jpg"文件，然后将该图层移动到复制图层下面，再按快捷键Ctrl+T出现定界框时单击鼠标右键，在下拉菜单中选择"缩放"命令将素材进行调整，效果如图2-60所示。

图2-57

图2-58

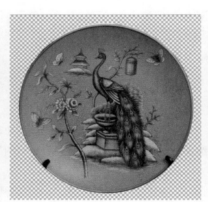

图2-59

图2-60

2.5 图片的瑕疵修复

使用Photoshop的绘制工具不仅能够绘制插画，还能轻松地将带有缺陷的照片进行美化处理。

2.5.1 污点修复画笔工具

命令："污点修复画笔工具"   **作用：自动从所修饰区域的周围取样进行修复**

污点修复画笔工具选项栏如图2-61所示。

图2-61

污点修复画笔工具选项介绍

类型：用来设置修复的方法。选择"近似匹配"选项时，可以使用选区边缘周围的像素来查找要用作选定区域修补的图像区域；选择"创建匹配"选项时，可以使用选区中的所有像素创建一个用于修复该区域的纹理；选择"内容识别"选项时，可以使用选区周围的像素进行修复。

2.5.2 修复画笔工具

命令："修复画笔工具" ✏️	作用：自定义源点修复图像

修复画笔工具选项栏如图2-62所示。

图2-62

修复画笔工具选项介绍

源：设置用于修复像素的源。选择"取样"选项时，可以使用当前图像的像素来修复图像；选择"图案"选项时，可以使用某个图团作为取样点。

对齐：勾选该选项后，可以连续对像素进行取样，即使释放鼠标也不会丢失当前的取样点；关闭"对齐"选项后，则会在每次停止并重新开始绘制时使用初始取样点中的样本像素。

2.5.3 修补工具

命令："修补工具" ⊞	作用：用图像中的其他区域修补画面

修补工具选项栏如图2-63所示。

修补工具选项介绍

图2-63

透明：勾选该选项以后，可以使修补的图像与原始图像产生透明的叠加效果。

修补工具操作演示

第1步：打开需要修补的图像，单击"修补工具" ⊞，将图像中需要修补的部分进行选区框选，如图2-64所示。

第2步：选择"修补工具" ⊞并按住鼠标左键，在画面中进行绘制，然后将鼠标移至选区内，如图2-65所示。

第3步：完成上述操作后，按住鼠标左键拖动选区，选择合适的位置，松开鼠标左键，然后查看其位置是否合适，如图2-66所示。

第4步：完成上述操作后，按快捷键Ctrl+D取消选区，如图2-67所示，然后选中"画笔工具" ✏️在选项栏中设置"不透明度"为68、"流量"为54、"大小"为35，对其进行调整，效果如图2-68所示。

图2-64

图2-65

图2-66

图2-67

图2-68

2.5.4 仿制图章工具

命令："仿制图章工具"  **作用：将图像的一部分绘制到同一图像的另一个位置上**

仿制图章工具选项栏如图2-69所示。

图2-69

仿制图章工具选项介绍

不透明度：用于设置应用仿制图章工具时的不透明度。

流量：用于设置扩散速度。

仿制图章工具操作演示

第1步：打开商品素材图片，单击"仿制图章工具" ，将光标移动至图像中合适的位置，按住Alt键的同时单击鼠标左键进行取样，如图2-70所示。

第2步：为了不破坏原图片，选中背景图层，按快捷键Ctrl+J复制"背景"图层，如图2-71所示。

第3步：单击"仿制图章工具" ，在工具选项栏中选择一个柔角笔尖，然后将鼠标光标放在画面没有水印的玫红色区域，如图2-72所示。

图2-70

第4步：按住Alt键单击鼠标左键进行采样，接着松开Alt键，将鼠标移动到水印区进行涂抹，同时要进行多次重新选择采样点，效果如图2-73所示。

图2-71

图2-72

图2-73

2.5.5 橡皮擦工具

命令："橡皮擦工具"  **作用：擦除图像**

橡皮擦工具操作演示

第1步：打开商品素材图片，单击"橡皮擦工具" ，再设置合适的背景色，将光标移动到需要擦除的图像位置上，如图2-74所示。

第2步：单击鼠标左键，并拖动鼠标，将需要擦除的区域擦除，被擦除的区域以背景色填充，效果如图2-75所示。

> **小提示**
>
> 如果处理的是"背景"图层或锁定的透明区域图层，使用橡皮擦涂抹区域会显示为背景色；处理其他图层时，可以擦除涂抹区域的像素。

图2-74

图2-75

操作练习 修补陶瓷杯上的瑕疵

- ● 实例位置：实例文件>CH02>操作练习 修补陶瓷杯上的瑕疵.psd
- ● 素材位置：素材文件>CH02>03.jpg
- ● 技术掌握：掌握污点修复画笔工具使用方法

操作步骤

01 启动Photoshop CS6，打开"素材文件>CH02>03.jpg"文件，如图2-76所示。

02 选中"污点修复画笔工具"，在选项栏中设置"模式"为"正常"，"类型"为"内容识别"，然后将鼠标移到杯口反光的位置，单击鼠标左键并拖动进行涂抹，鼠标指针涂抹过的区域呈现黑色，效果如图2-77所示。

03 使用相同的方法在杯身反光区域进行修补涂抹，效果如图2-78所示，然后释放鼠标左键，即可得到修复后的效果，效果如图2-79所示。

图2-76

图2-77

图2-78

图2-79

2.6 图片的文字添加与编辑

命令："横排文字工具" T.　　　**作用：用图像中的其他区域修补画面**

　　文字是商业作品中不可或缺的元素，不管是在店铺装修还是商品促销中，文字的使用都非常广泛。通过对文字进行编排与设计，不但能够更有效地表现活动主题，还可以对商品图像起到美化作用。Photoshop CS6提供了两种输入文字的工具，分别是"横排文字工具" T.和"直排文字工具" IT.，"横排文字工具" T.可以用来输入横向排列的文字，"直排文字工具" IT.可以用来输入竖向排列的文字。下面以"横排文字工具" T.为例来讲解文字工具的参数选项，如图2-80所示。

图2-80

横排文字工具选项介绍

切换文本取向 IT.：如果当前使用的是"横排文字工具" T.输入的文字是横向排列，在选项栏中单击"切换文本取向"按钮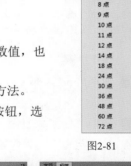，可以将横向排列的文字更改为竖向排列的文字，反之亦然。

设置字体系列：在文档中输入文字以后，如果要更改字体，可以在文档中选中文本，然后在选项栏中单击"设置字体系列"下拉列表，接着选择想要的字体即可。

设置字体样式：在输入英文文本后，可以在选项栏中设置字体的样式。

设置字体大小：输入文字后，如果要更改字体的大小，可以直接在选项栏中输入数值，也可以在下拉列表中选择预设的字体大小，如图2-81所示。

设置消除锯齿的方法：输入文字后，可以在选项栏中为文字指定一种消除锯齿的方法。

设置文本对齐方式：在文字工具的选项栏中提供了3种设置文本段落对齐方式的按钮，选择文本后，单击需要的对齐按钮，就可以使文本按指定的方式对齐。

设置文本颜色：输入文本时，文本颜色默认为前景色。

创建文本变形：单击该按钮，打开"变形文字"对话框，在该对话框中可以选择文字变形的方式。

切换字符和段落面板：单击该按钮，可以打开"字符"面板和"段落"面板，如图2-82和图2-83所示。

图2-81

图2-82　　　　　图2-83

小提示

在平面设计中，只用Windows系统自带的字体，很难满足设计需要，因此需要在Windows系统中安装系统外的字体。

从电脑C盘安装

使用鼠标左键单击需要安装的字体，然后按快捷键Ctrl+C进行复制，接着单击"我的电脑"，打开C盘，依次单击打开文件夹"WINDOWS>Fonts"，再单击字体列表的空白处，按快捷键Ctrl+V粘贴字体，最后安装的字体会以蓝色选中样式在字体列表中显示，如图2-84所示。待刷新页面后重新打开Photoshop CS6，即可在该软件的"字体列表"中找到装入的字体，如图2-85所示。

从控制面板安装

使用鼠标左键单击需要安装的字体，然后按快捷键Ctrl+C进行复制，接着依次单击"电脑设置>控制面板"，再双击"字体"打开字体列表，如图2-86所示。此时单击字体列表空白处，按快捷键Ctrl+V将字体进行粘贴，最后安装的字体会以蓝色选中样式在字体列表中显示。待刷新页面后重新打开Photoshop CS6，即可在该软件的"字体列表"中找到装入的字体。

图2-84　　　　　　　　图2-85　　　　　　　　图2-86

2.7 对商品图片的调色

2.7.1 亮度/对比度

命令：执行"图像>调整>亮度/对比度"菜单命令、执行"图层>新建调整图层>亮度/对比度"菜单命令

作用：对图像的色调范围进行简单的调整

在处理商品图像时，由于拍摄光线和拍摄设备本身的原因，使商品图像色彩暗沉，可通过"亮度/对比度"命令调整商品的图像色彩。"亮度/对比度"对话框如图2-87所示。

图2-87

亮度/对比度选项介绍

亮度：用来设置图像的整体亮度。数值为负值时，表示降低图像的亮度；数值为正值时，表示提高图像的亮度。

对比度：用于设置图像亮度对比的强烈程度。数值越低，对比度越低；数值越高，对比度越强。

亮度/对比度操作演示

第1步：按快捷键Ctrl+O，打开素材图片，如图2-88所示。

第2步：执行"图像>调整>亮度/对比度"菜单命令，在弹出的"亮度/对比度"对话框设置"亮度"为58、"对比度"为-11，如图2-89所示。

第3步：设置完成后，单击"确定"按钮，即可调整图像的亮度与对比度，效果如图2-90所示。

图2-88

图2-89

图2-90

2.7.2 色阶

命令：执行"图像>调整>色阶"菜单命令、执行"图层>新建调整图层>色阶"菜单命令
作用：对图像的色调范围进行简单的调整　　　快捷键：Ctrl+L

在处理商品图像时，如果图像偏暗，可通过"色阶"命令调整商品图像的亮度范围，来提高商品图像亮度。"色阶"是一个非常强大的颜色与色调调整工具，它可以对图像的阴影、中间调和高光强度级别进行调整，从而校正图像的色调范围和色彩平衡。"色阶"对话框如图2-91所示。

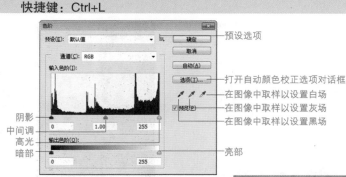

图2-91

色阶选项介绍

输入色阶：这里通过拖曳滑块来调整图像的阴影、中间调和高光，同时也可以直接在对应的输入框中输入数值。将滑块向左拖曳，可以使图像变亮；将滑块向右拖曳，可以使图像变暗。

输出色阶：可以设置图像的亮度范围，从而降低对比度。

色阶操作演示

第1步：按快捷键Ctrl+O，打开素材图像，如图2-92所示。

图2-92

第2步：执行"图像>调整>色阶"菜单命令，在弹出的"色阶"对话框中，设置"输入色阶"各参数值分别为0、1.00、205，如图2-93所示。

第3步：设置完成后，单击"确定"按钮 ，即可调整图像的亮度范围，效果如图2-94所示。

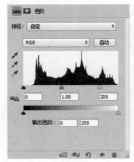 

> **小提示**
>
> "色阶"是指图像中的颜色或颜色中的某一个组成部分的亮度范围。"色阶"命令通过调整图像的阴影、中间调和高光的强度级别，校正图像的色调范围和色彩平衡。

图2-93　　　　　　图2-94

2.7.3　曲线

命令：执行"图像>调整>曲线"菜单命令、执行"图层>新建调整图层>曲线"菜单命令
作用：对图像的色调进行精确的调整　　快捷键：Ctrl+M

"曲线"命令是极其重要和强大的调整命令，也是实际工作中使用频率很高的调整命令之一。它具备了"亮度/对比度""阈值"和"色阶"等命令的功能，通过调整曲线的形状，可以对图像的色调进行非常精确的调整。"曲线"对话框如图2-95所示。

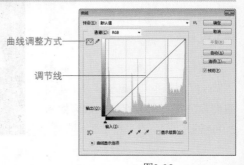

图2-95

曲线选项介绍

曲线调整方式：左侧为"编辑点以修改曲线"按钮，使用该工具在曲线上单击鼠标左键，可以添加新的控制点，通过拖曳控制点可以改变曲线的形状，从而达到调整图像的目的。

调节线：拖曳调节线可以调整图像的阴影、中间调和高光，也可以在"输入"和"输出"处输入数值。

曲线操作演示

第1步：按快捷键Ctrl+O，打开素材图像，如图2-96所示。

第2步：执行"图像>调整>曲线"菜单命令，弹出"曲线"对话框，在网格中单击鼠标左键，建立曲线编辑点后，设置"输入"和"输出"值分别为94、187，如图2-97所示。

第3步：设置完成后，单击"确定"按钮，即可调整图像的整体色调，效果如图2-98所示。

 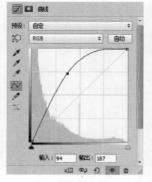 

图2-96　　　　　　图2-97　　　　　　图2-98

2.7.4　色相/饱和度

命令：执行"图像>调整>色相/饱和度"菜单命令、执行"图层>新建调整图层>色相/饱和度"菜单命令
作用：调整图像的色相、饱和度和明度　　快捷键：Ctrl+U

使用"色相/饱和度"命令可以调整整个图像或选区内图像的色相、饱和度和明度，同时也可以对单个通道进行调整，该命令也是实际工作中使用频率很高的调整命令之一。"色相/饱和度"对话框如图2-99所示。

色相/饱和度选项介绍

全图： 选择全图时色彩调整针对整个图像的色彩，也可以为要调整的颜色选取一个预设颜色范围。

色相： 调整图像的色彩倾向，拖动滑块或直接在对应的文本框中输入对应数值进行调整。

饱和度： 调整图像中像素的颜色饱和度，数值越高颜色越浓，数值越低则颜色越淡。

明度： 调整图像中像素的明暗程度，数值越高图像越亮，数值越低则图像越暗。

着色： 勾选着色时，可以消除图像中的黑白或彩色元素，从而将图像转变为单色调。

图2-99

色相/饱和度操作演示

第1步： 按快捷键Ctrl+O，打开素材图像，如图2-100所示。

第2步： 执行"图像>调整>色相/饱和度"菜单命令，弹出"色相/饱和度"对话框，设置"色相"为-5、"饱和度"为37、"明度"为3，如图2-101所示。

第3步： 设置完成后，单击"确定"按钮，即可调整图像色调，效果如图2-102所示。

图2-100   图2-101   图2-102

操作练习　调整商品图片背景色调

- 实例位置：实例文件>CH02>操作练习 调整商品图片背景色调.psd
- 素材位置：素材文件>CH02>04.jpg
- 技术掌握：调整背景色调的方法

操作步骤

01 启动Photoshop CS6，打开"素材文件>CH02>04.jpg"文件，如图2-103所示。

02 使用"磁性套索工具"选中化妆品绘制选区，再按快捷键Ctrl+J复制选区内容，如图2-104所示。

图2-103   图2-104

03 选中背景图层，然后在图层面板下方单击创建新的填充或调整图层按钮，在下拉菜单中选择"色彩平衡"菜单命令。接着在弹出的对话框色调的下拉菜单中选择"中间调"，"阴影"菜单命令，进行参数设置，如图2-105和图2-106所示，效果如图2-107所示。

04 单击按钮，在下拉菜单中选择"曲线"菜单命令，然后在弹出的对话框中进行参数设置，如图2-108所示，最后效果如图2-109所示。

图2-105   图2-106

图2-107

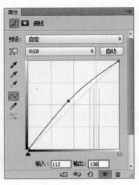
图2-108

图2-109

2.8 商品的高级合成

2.8.1 剪贴蒙版

命令：执行"图层>释放剪贴蒙版"菜单命令
作用：对图像的色调范围进行简单的调整　　快捷键：Ctrl+Alt+G

剪贴蒙版非常重要，建议用一个图层中的图像来控制处于它上层的图像的显示范围，并且可以针对多个图像；另外，可以为一个或多个调整图层创建剪贴蒙版，使其只针对一个图层进行调整。

剪贴蒙版操作演示

第1步：按快捷键Ctrl+N新建图层，绘制图像，打开素材文件，如图2-110所示。

第2步：按快捷键Ctrl+Alt+G进行蒙版剪贴，如图2-111所示，效果如图2-112所示。

图2-110

图2-111

图2-112

小提示

注意，剪贴蒙版虽然可以应用在多个图层中，但是这些图层不能是隔空的，必须是相邻的图层。

2.8.2 图层蒙版

图层蒙版在实际工作中使用频率非常高，它可以用来隐藏、合成图等。在创建调整图层、填充图层以及为智能对象添加智能滤镜时，Photoshop会自动为图层添加一个图层蒙版，可以在图层蒙版中对调色范围、填充范围及滤镜应用区域进行调整。使用图层蒙版遵循"黑透、白不透"的工作原则，"图层蒙版"面板如图2-113所示。

图层蒙版选项介绍

选择的蒙版：显示在"图层"面板中选择的蒙版类型。

添加/选择图像蒙版：如果为图层添加了矢量蒙版，该按钮显示为"添加图层蒙版"，单击该按钮，可以为当前选择的图层添加一个像素的蒙版；添加像素蒙版以后，

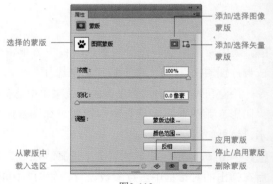
图2-113

则该按钮显示为"选择图层蒙版"，单击该按钮可以选择像素蒙版。

添加/选择矢量蒙版：如果为图层添加了像素蒙版，该按钮显示为"添加矢量蒙版"，单击该按钮，可以为当前选择的图层添加一个矢量蒙版；添加矢量蒙版以后，则该按钮显示为"选择矢量蒙版"，单击该按钮可以选择矢量蒙版。

从蒙版中载入选区：单击该按钮，可以从蒙版中生成选区；如果按住Ctrl键单击蒙版的缩略图，也可以载入蒙版的选区。

应用蒙版：单击该按钮，可以将蒙版应用到图像中，同时删除蒙版遮盖的区域。

停止/启用蒙版：单击该按钮，可以停用或重新启用蒙版。停用蒙版后，在"属性"面板的缩览图和"图层"面板中的蒙版缩略图中都会出现一个红色的交叉线，如图2-114所示。

删除蒙版：单击该按钮，可以删除当前选择的蒙版。

图2-114

图层蒙版操作演示

选择要添加图层蒙版的图层，在"图层"面板下单击"添加图层蒙版"按钮，如图2-115所示，可以为当前图层添加一个图层蒙版，如图2-116所示。

图2-115　　　　　　图2-116

2.8.3　USM锐化

命令： 执行"滤镜>锐化>USM锐化"菜单命令
作用： 查找图像颜色发生明显变化的局域，并将其锐化

"USM锐化"对话框如图2-117所示。

USM锐化选项介绍

数量：用来设置锐化效果的精细程度。

半径：用来设置图像锐化的半径范围大小。

阈值：只有相邻像素之间的差值达到所设置的"阈值"数值时才会被锐化，该值越高，被锐化的像素就越少。

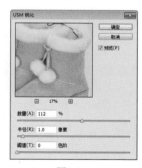

图2-117

2.8.4　高斯模糊

命令： 执行"滤镜>模糊>高斯模糊"菜单命令
作用： 查找图像颜色发生明显变化的局域，并将其锐化

高斯模糊操作演示

第1步：按快捷键Ctrl+O，打开素材图像，如图2-118所示。

第2步：执行"滤镜>模糊>高斯模糊"菜单命令，设置"半径"为1.5，如图2-119所示，效果如图2-120所示。

图2-118　　　　　　图2-119　　　　　　图2-120

2.8.5 图层样式

"图层样式"也称"图层效果",它是制作纹理、质感和特效的灵魂,可以为图层中的图像添加投影、发光、浮雕、光泽和描边等效果。

执行"图层>图层样式"菜单下的子命令,如图2-121所示,此时会弹出"图层样式"对话框。

在"图层"面板下单击"添加图层样式"按钮 *fx*,在弹出的菜单中选择一种样式即可打开"图层样式"对话框,如图2-122所示。

在"图层"面板中双击需要添加样式的图层缩略图,也可以打开"图层样式"对话框。

> **小提示**
>
> 注意,"背景"图层和图层组不能应用图层样式。如果要对"背景"图层使用图层样式,可以按住Alt键双击图层缩略图,将其转换为普通图层以后再进行添加;如果要为图层组添加图层样式,需要先将图层组合并为一个图层以后才可以。

图2-121　　　　　　　　图2-122

"图层样式"对话框左侧列出了10种样式,如图2-123所示,样式名称前面的复选框被勾选,表示在图层中添加了该样式;单击一个样式的名称,可以选中该样式,并同时切换到该样式的设置面板。

> **小提示**
>
> 如果单击样式名称前面的复选框,则可以应用该样式,但是不会显示样式设置面板。

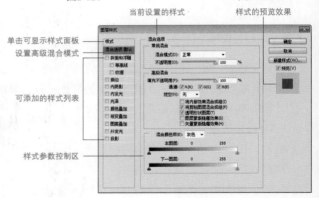

图2-123

2.8.6 描边

"描边"样式可以使用颜色、渐变以及图案来描绘图像的轮廓边缘。"描边"参数设置面板如图2-124所示。

描边选项介绍

大小:设置描边的大小,图2-125和图2-126所示分别为设置"大小"为3像素和10像素的描边效果。

图2-124

图2-125

图2-126

位置:选择描边的位置。

混合模式:设置描边效果与下层图像的混合模式。

不透明度：设置描边的不透明度。

填充类型：设置描边的填充类型，包含"颜色""渐变"和"图案"3种类型。

2.8.7 内阴影

"内阴影"样式可以在紧靠图层内容的边缘内添加阴影，使图层内容产生凹陷效果。"内阴影"参数设置面板如图2-127所示。

内阴影选项介绍

混合模式/不透明度："混合模式"选项用来设置内阴影效果与下层图层的混合方式；"不透明度"选项用来设置内阴影效果的不透明度。

距离：用来设置内阴影偏移图层内容的距离，数值越大偏移越远。

阻塞：该选项可以在模糊之前收缩内阴影的边界。

大小：用来设置内阴影的模糊范围，值越低，内阴影越清晰；值越高，内阴影的模糊范围越广。

杂色：用来在内阴影中添加杂色。

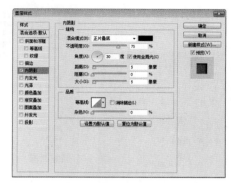

图2-127

2.8.8 投影

使用"投影"样式可以为图层添加投影，产生立体感。"投影"参数设置面板如图2-128所示。

投影选项介绍

图层挖空投影：用来控制半透明图层中投影的可见性。勾选该选项后，如果当前图层的"填充"小于100%，则半透明图层中的投影不可见，反之，则透明图层中的投影将显示出来。

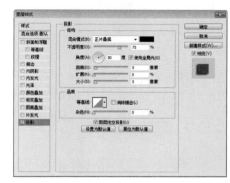

图2-128

操作练习 使用图层蒙版合成宝贝照片

- 实例位置：实例文件>CH02>操作练习 使用图层蒙版合成宝贝照片psd
- 素材位置：素材文件>CH02>05.png、06.png
- 技术掌握：使用图层蒙版合成宝贝照片方法

操作步骤

01 启动Photoshop CS6，打开"素材文件>CH02>05~06.jpg"文件，如图2-129和图2-130所示。

02 使用"魔棒工具" 选取背景区域，如图2-131所示，然后按快捷键Shift+Ctrl+I反选，接着按快捷键Ctrl+J复制一个图层，如图2-132所示。

图2-129

图2-130

图2-131

图2-132

03 选中复制图层，在图层面板下面单击添加矢量蒙版 ▣ 按钮，然后设置前景色为黑色，接着使用"画笔工具" ✎ 在蒙版中对图像进行局部涂抹，如图2-133所示。

04 完成上述操作后，执行"图层>图层样式>投影"菜单命令，在弹出的对话框中设置具体参数，如图2-134所示，再单击"确定"按钮，效果如图2-135所示。

图2-133

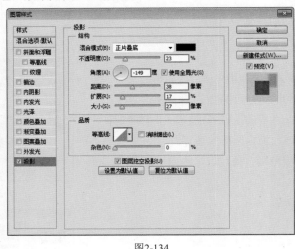

图2-134

图2-135

2.9 Photoshop设计的高级应用

2.9.1 图层混合模式

"混合模式"是Photoshop的一项重要的功能，它决定了当前的像素与下面图像的像素的混合方式，可以常用来创建各种特效，并且不会损坏原始图像的任何内容。在"图层"面板中选中一个图层，单击面板顶部"正常"下拉菜单，如图2-136所示。可以从中选择一种混合模式，图层的"混合模式"分为6组，共27种，如图2-137所示。

混合模式选项介绍

组合模式：该组中的混合模式需要降低图层的"不透明度"或"填充"数值才能起作用，这两个参数的数值越低，就越能看到下面的图像。

加深模式：该组中的混合模式可以使图像变暗，在混合过程中，当前图层的白色像素会被下层较暗的像素替代。

减淡模式：该组与加深模式组产生的混合效果完全相反，它们可以使图像变亮。在混合过程中，图像中的黑色像素会被较亮的像素替代，而任何比黑色亮的像素都可能提亮下层图像。

对比模式：该组中的混合模式可以加强图像的差异。在混合时，50%的灰色会完全消失，任何亮度值高于50%灰色的像素都可能提亮下层的图像，亮度值低于50%灰色的像素则可能使下层图像变暗。

比较模式：该组中的混合模式可以比较当前图像与下层图像，将相同的区域显示为黑色，不同的区域显示为灰色或彩色。如果当前图层中包含白色，那么白色区域会使下层图像反相，而黑色不会对下层图像产生影响。

色彩模式：使用该组中的混合模式时，Photoshop会将色彩分为色相、饱和度和亮度3种成分，然后再将其中的一种或两种成分应用在混合后的图像中。

图2-136

图2-137

2.9.2 批量处理多张照片

在Photoshop中处理图像时，有需要对多张图像同时进行相同的操作的情况时，可以使用"批处理"命令处理多张图片，避免重复进行某些操作，提高网店设计的效率。

在Photoshop中执行"文件>自动>批处理"菜单命令，打开"批处理"对话框，如图2-138所示。在对话框中对选项进行设置，完成后单击"确定"按钮，Photoshop会根据设置的批量处理的文件和处理方式对文件进行编辑，并将其存储到指定的位置。完成批量处理后，打开相应的文件夹，可以看到处理后的图片效果，通过这样的方式可以大大提升编辑效率。

图2-138

操作练习	使用混合模式制作炫彩唇妆

- 实例位置：实例文件>CH02>操作练习 使用混合模式制作炫彩唇妆.psd
- 素材位置：素材文件>CH02>07.png
- 技术掌握：使用混合模式制作炫彩唇妆方法。

操作步骤

01 启动Photoshop CS6，打开"素材文件>CH02>07.jpg"文件，如图2-139所示。

02 新建一个"炫彩"图层，然后使用"矩形选框工具" 绘制一个选区，再设置"前景色"为粉色，按快捷键Alt+Delete填充选区，如图2-150所示。

03 在图层面板中设置图层"混合模式"为"柔光"，如图2-141所示。

04 根据上述方法绘制多个彩条，然后选中所有彩条图层，按快捷键Ctrl+T将彩条旋转到适当的角度，如图2-142所示。

图2-139

图2-140

图2-141

图2-142

2.10　课后习题

课后习题	鲜芒果店贴

- 实例位置：实例文件>CH02>课后习题 鲜芒果店贴.psd
- 素材位置：素材文件>CH02>08.jpg
- 技术掌握："鲜芒果"趣味字体设计的制作技法

　　这里练习制作的是一个鲜芒果店贴，以字体设计作为出发点，将字体添加图层样式效果，再融入到素材中。不仅表达了产品的特性，还在视觉上展现了特别的创意想法，实例效果如图2-143所示。

图2-143

　　第1步：使用"横排文字工具" T输入文本，再分别使用"椭圆工具" 、"钢笔工具" 和"渐变工具" 绘制出有艺术感的字体，如图2-144所示。

　　第2步：使用"钢笔工具" 根据字体绘制边图形，然后添加"渐变叠加""描边"的图层样式效果，如图2-145和图2-146所示。

图2-144

图2-145

图2-146

　　第3步：导入素材，将绘制图形调整到适当大小，并将其拖曳到合适的位置，如图2-147所示。

图2-147

课后习题 家电展示页面

- 实例位置：实例文件>CH02>课后习题 家电展示页面.psd
- 素材位置：素材文件>CH02>09.png~18.png
- 技术掌握：电压锅组合展示制作技法

　　本练习制作的是一款家电展示的页面，以素材为主体，运用图层样式效果调整图像，并使用橡皮擦擦出阴影效果，强调整体的展示氛围，实例效果如图2-148所示。

图2-148

　　第1步：导入素材，为素材添加"投影"图层样式效果，如图2-149所示。使用同样的方法为其他素材添加图层样式效果，如图2-150所示。

图2-149

图2-150

第2步：为图片添加"图层蒙版" 效果，再使用"橡皮擦工具" 调整阴影效果，如图2-151所示。

第3步：使用"横排文字工具" T 输入文本，调整图片结构，完善画面效果，如图2-152所示。

图2-151   图2-152

2.11 本课笔记

03

第3课
淘宝首页店招设计

店招作为店铺招牌，有直接推广商品品牌的作用，可以第一眼吸引住客户，促进销售。在设计中的店招类型各式各样，不同的主题有不同的表现形式，本课将讲解多种店招的设计思路和绘制方法。

课堂学习目标

- 店招的作用
- 店招的类型
- 店招尺寸规范
- 店招设计要点
- 淘宝店招设计

3.1 店招的作用及分类

店招位于网店首页的最顶端，它与实体店铺的店招相同，是顾客最先了解和接触到的信息，在本课将对店招的设计规范进行讲解。

3.1.1 店招的作用

店招，顾名思义就是网店的店铺招牌。从网店商品的品牌推广来看，为了第一眼吸引住客户，想要在整个网店中让店招变得便于记忆，在店招的设计上需要具备新颖、易于传播和便于记忆等特点。

淘宝店招的表现形式和作用与实体店铺还是有一定区别的，实体店铺的店招作用往往体现在吸引顾客上。因为实体店铺的店招是直接面对大街，并且实体店铺店招一般偏于简洁单调。而网店店招的作用主要是体现在留住买家的停留时间上，因为网店的店招并不能直接在网页搜索的页面上呈现，只能在顾客进入店铺后才能看到。因此，在设计网店的店招时，就要更多地从留住顾客的角度去考虑。

图3-1~图3-3所示为不同商品网店的店招，在其中可以清楚地看到店铺的名称和基本的内容，对店铺的风格有一定的了解。

图3-1

图3-2

图3-3

店招好比一个店铺的脸面，对店铺的发展起着较为重要的作用，主要的作用有以下3点。

表明网店的属性:店招最基本的功能就是让消费者明确店铺的名称、销售的商品内容，让买家了解店铺的最新动态。

增强网店的昭示性:使用有特点的店招可以增强店铺的昭示性，便于顾客快速记忆，从而提高店铺的知名度。

提升网店的形象:设计美观、品质感较强的店招可以提升店铺的形象，提高店铺的档次，增强顾客对店铺的信赖感。

3.1.2 店招的类型

在众多的店铺中，店招也是各种样式且具有不同的风格，本小节主要讲解在网店中常见的店招类别。

1.清爽型

清爽型的店招主要针对小清新的行业，如小饰品、小物件等的店铺。其特点表现在结构的清新简洁上，颜色也多以冷色或者纯色色调展示，如图3-4和图3-5所示。

图3-4

图3-5

2.柔美型

　　柔美型的店招主要针对女性行业，如化妆品店、女装店等。柔美型店招的特点表现在字体、颜色等方面，字体多采用较圆润或纤细的字体，如幼圆体、方正兰亭黑细等字体，颜色多为粉色、红色等女性化的颜色，如图3-6和图3-7所示。

图3-6

图3-7

3.阳刚型

　　阳刚型的店招主要针对男性行业，如男装店、电器类店等。阳刚型店招字体多选择较刚硬的字体，如黑体、楷体等字体，颜色多以黑白灰为主，如图3-8和图3-9所示。

图3-8

图3-9

4.可爱型

　　可爱型店招主要是针对年轻女孩、母婴行业，如母婴店、童装店等。可爱型店招在图形设计上会偏向于简单的线条，采用明快、对比鲜明的颜色，还会添加很多可爱的素材进行搭配，如图3-10和图3-11所示。

图3-10

图3-11

3.2 店招设计的规范

　　设计成功的店招要求有标准的颜色、字体和清晰的设计版面。店招中需要有一句能够吸引消费者的广告语，还需要具备强烈视觉冲击力的画面，要清晰地告诉顾客你在卖什么。此外，通过店招也可以对店铺的装修风格进行定位。

3.2.1 店招尺寸规范

　　店铺店招有两种尺寸，一是常规店招，二是通栏店招。常规店招的尺寸是950像素×120像素，这是淘宝店铺中最常见的店招效果，如图3-12所示。通栏店招的尺寸是1920像素×150像素，这是淘宝店铺中使用较多的尺寸，如图3-13所示。

图3-12　　　　　　　　　　　　　　　　　　　图3-13

3.2.2 店招格式规范

　　店招的文件格式要求为JPEG、GIF和PNG，其中的GIF格式就是通常所见的带有flash效果的动态店招。

3.3　店招包含的信息

　　为了让店招有特点且便于记忆，在设计的过程中都会采用简短醒目的广告语辅助Logo的表现形式，通过适当配图来增强店铺的认知度，主要包含店铺Logo和名称、品牌的名称、店铺广告语、商品图片和店铺收藏。

> **小 提 示**
>
> 在店铺内容的设计中，并不是要将以上所有的内容都包含其中。如果只是想突出店铺中销售商品的品牌，那么可以将品牌的名称在其中进行较大比例的编排，根据店铺的需要来选取重点信息，最终制作出店招。

3.4　时尚女装店招设计

- 实例位置：实例文件>CH03>时尚女装店招设计.psd
- 素材位置：素材文件>CH03>01.jpg、02.jpg、04.jpg、07.jpg、08.jpg、03.png、05.png、06.png
- 技术掌握：时尚女装店招的制作技法

　　本实例是为时尚女装设计的店招页面，整个编排设计主次分明，极具个性，具有极强的视觉冲击力，能够使客户快速地收到页面所传递的信息。店铺名称选择较大的艺术字体表现，彰显个性。选择冷艳、中性的鲜花和鲜亮的人物素材添加到画面两侧，点缀画面，营造出个性、时尚的氛围，效果如图3-14所示。

图3-14

3.4.1 设计思路指导

　　第1点：选择风格相似的女孩图片，放置在画面的右端，既增加画面的感染力又不影响主题文字内容的表现。

　　第2点：选择冷艳、中性的鲜花放置在画面的左侧，使两侧画面的比重不失调。

　　第3点：采用独特的主题文字，显得格外醒目，可表现出富有力度的文字效果，打破文字深沉的格局，填充个别文字鲜亮的颜色以提升画面的明艳度。

3.4.2 版式分析

在版式设计中，以图文面积对比来赋予版面活力，其中文字部分以较大的面积占据画面中心位置，这样的设计决定了文字的主导地位和视觉中心。左右两边添加鲜花和人物图片，合理分配画面比例，如图3-15所示。

图3-15

3.4.3 配色剖析

为了展示画面的感染力和不影响文字内容的表现力，选取的颜色如图3-16所示。

图3-16

3.4.4 制作步骤

01 启动Photoshop CS6，然后按快捷键Ctrl+N新建一个"时尚女装店招设计"文件，具体参数设置如图3-17所示。

02 设置"前景色"颜色为（R:237，G:234，B:244），然后按快捷键Ctrl+Alt填充颜色，如图3-18所示。

图3-17

图3-18

03 导入"素材文件>CH03>01.jpg"文件，按快捷键Ctrl+T调整图片的大小，然后将其移动到合适的位置，如图3-19所示。单击图层面板下方的"添加蒙版"按钮，如图3-20所示。

图3-19

图3-20

04 单击"渐变工具" ，在选项栏中设置类型为"线性渐变"，然后在素材上拖曳出渐变效果，如图3-21和图3-22所示，效果如图3-23所示。

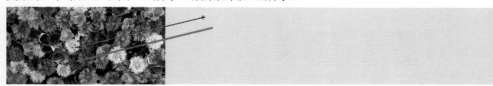

图3-21

图3-22

图3-23

05 导入"素材文件>CH03>02.jpg"文件，按快捷键Ctrl+T调整图片的大小，然后将其移动到合适的位置，如图3-24所示。使用同样的方法为素材拖曳出渐变效果，图层如图3-25所示。

图3-24

图3-25

06 在图层面板中设置"不透明度"为50%、"填充"为30%、"混合模式"为"正片叠底"，如图3-26所示，效果如图3-27所示。

图3-26

图3-27

07 导入"素材文件>CH03>03.png、04.jpg"文件，将素材拖曳至合适的位置，如图3-28和图3-29所示。再选中图层，在图层面板中设置"混合模式"为"滤色"，"不透明度"为50%，如图3-30所示，效果如图3-31所示。

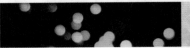

图3-28

图3-29

图3-30

图3-31

08 导入"素材文件>CH03>05.png"文件，将素材拖曳到合适的位置，如图3-32所示。然后单击"矩形工具"，在选项栏中设置"填充"颜色为（R:241，G:145，B:73），接着在素材下绘制多个矩形，如图3-33所示。

图3-32

图3-33

09 按快捷键Ctrl+G将绘制的所有矩形图层成组，单击图层面板下方的"添加蒙版"按钮，再绘制出圆角选区，如图3-34所示。在图层蒙版区按Ctrl+Alt键添加蒙版效果，如图3-35所示。

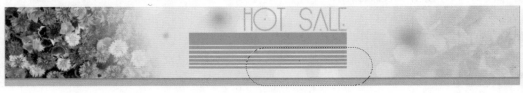

图3-34

图3-35

⑩ 导入"素材文件>CH03>06.png"文件，如图3-36所示。选中图层，在图层面板中设置"不透明度"为50%、"填充"为80%，效果如图3-37所示。

图3-36　　　　　　　　　　　　　　　　　　　图3-37

⑪ 使用"横排文字工具" T 在绘图区域中输入文字信息，然后为字体选择合适的类型、大小和颜色，如图3-38所示。

⑫ 导入"素材文件>CH03>07.jpg"文件，如图3-39所示。使用剪切蒙版将图片多余的背景进行擦除，如图3-40所示。再导入"素材文件>CH03>08.jpg"文件，使用同样的方法对素材进行调整，最终效果如图3-41所示。

图3-38　　　　　　　　　　　　　　　　　　　图3-39

图3-40　　　　　　　　　　　　　　　　　　　图3-41

3.5　中国风饰品店招设计

- 实例位置：实例文件>CH03>中国风饰品店招设计.psd
- 素材位置：素材文件>CH03>09.jpg、10.png~14.png、15.psd
- 技术掌握：中国风饰品店招的制作技法

本实例是为古风饰品设计的店招页面，在设计中选择可以展现视觉宁静感的黄棕色作为店招的背景，这种色调赋有历史感。这样的构思效果符合行业人群的喜爱，再添加中国风的素材和饰品，让客户体会到设计所营造出来的中国风氛围，效果如图3-42所示。

图3-42

3.5.1　设计思路指导

第1点：选择充满历史感的素材，枯木、房檐和刻章等作为背景素材点缀，给人一种理智和沉稳的感觉，为黄棕色的背景填充图案加深背景视觉效果。

第2点：画面中主题文字填充中国红，与暗色调的背景形成鲜明对比，增强了文字的可视性和准确传达性。

3.5.2　版式分析

在版式设计中，将店铺的名称放在中心处，使其形成视觉上的焦点。店招的左侧添加了手绘效果的修饰素材作为点缀，能给人留下深刻的印象，右侧添加房檐元素达到画面左右平衡的效果，如图3-43所示。

图3-43

3.5.3 配色剖析

为了展示店铺饰品所带来的历史感，选取的颜色如图3-44所示。

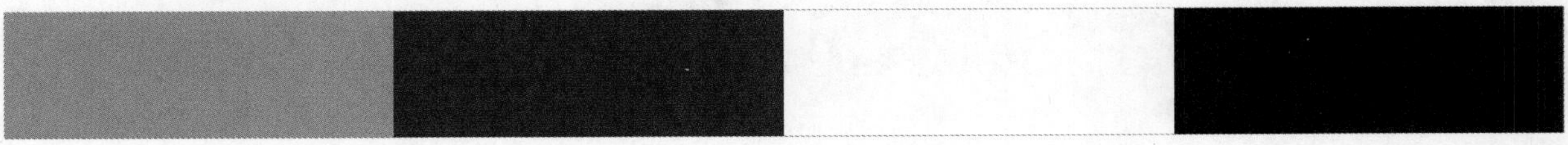

图3-44

3.5.4 制作步骤

01 启动Photoshop CS6，然后按快捷键Ctrl+N新建一个"中国风饰品店招设计"文件，具体参数设置如图3-45所示。

图3-45

02 导入"素材文件>CH03>09.jpg"文件，将其拖曳到合适的位置，在图层面板中设置"填充"为80%、如图3-46所示，再按快捷键Ctrl+J复制一层，设置"混合模式"为"明度"，如图3-47所示，效果如图3-48所示。

图3-46

图3-47

图3-48

03 导入"素材文件>CH03>10.png"文件，设置"填充"为60%，如图3-49所示。

图3-49

04 导入"素材文件>CH03>11.png"文件，将其拖曳到合适的位置，如图3-50所示。双击图片图层，在弹出的"图层样式"中勾选"颜色叠加"，设置"混合模式"为滤色、颜色为（R:68，G:36，B:3），如图3-51所示，效果如图3-52所示，最后设置"填充"为50%，如图3-53所示。

图3-50

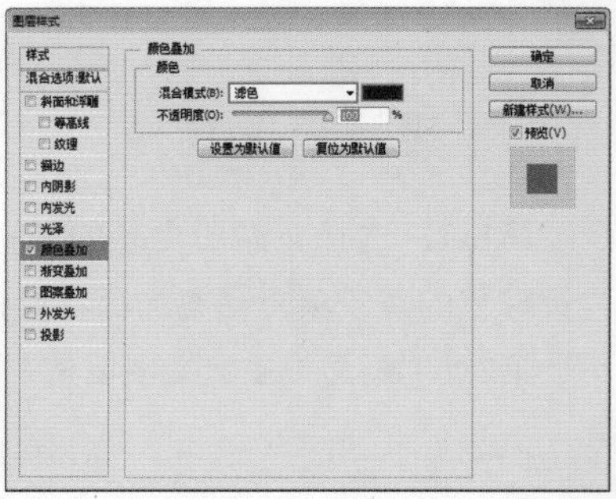

图3-51

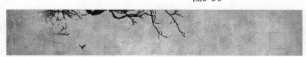

图3-52

图3-53

05 导入"素材文件>CH03>12.png"文件,如图3-54所示,在图层面板中设置"填充"为30%、"混合模式"为"明度",如图3-55所示,效果如图3-56所示。

图3-54

图3-55

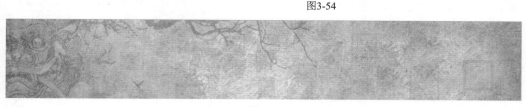

图3-56

06 单击"矩形工具" □ ,在选项栏中设置"填充"为无、"描边"为1.5、描边颜色为(R:113,G:29,B:35),再设置"描边"类型为"直线",如图3-57所示。在绘图区绘制一个矩形,如图3-58所示。

图3-57

图3-58

07 单击"矩形工具" □ ,在选项栏中设置"描边"类型为"虚线",如图3-59所示。在绘图区绘制一个矩形,如图3-60所示。

图3-59

图3-60

08 单击"横排文字工具" T 分别输入文本,设置合适的字体及大小,如图3-61和图3-62所示。选择较小文本图层,双击图层,在弹出的"图层样式"勾选"内发光",设置"不透明度"为65、"大小"为2,如图3-63所示,最后单击确定按钮,效果如图3-64所示。

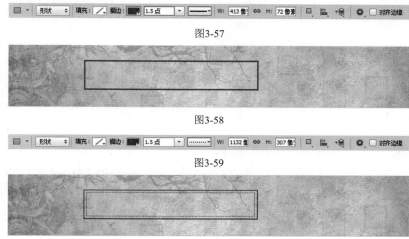

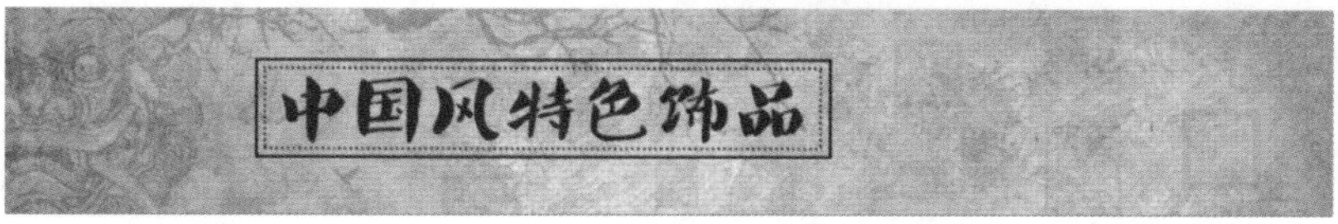

图3-61

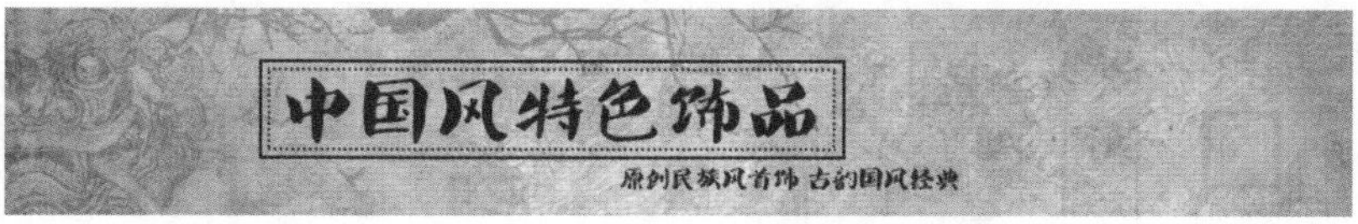

图3-62

图3-64

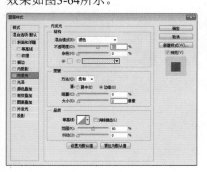

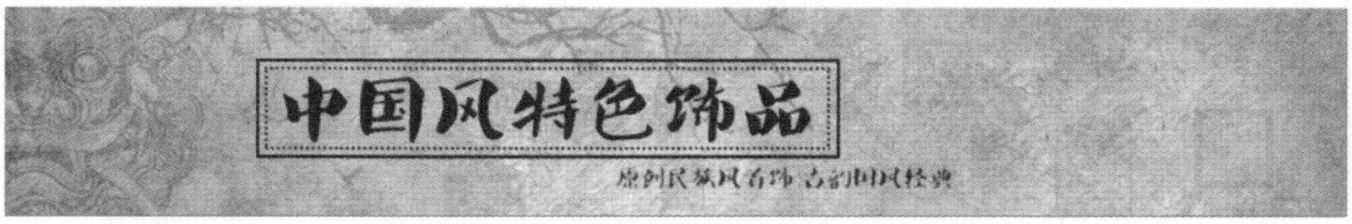

图3-63

09 导入"素材文件>CH03>13.png"文件,将图像拖曳到右侧,如图3-65所示。在图层面板中设置"混合模式"为"明度",效果如图3-66所示。

图3-65

图3-66

⑩ 导入"素材文件>CH03>14.png"文件，在图层面板中设置"混合模式"为"变暗"，如图3-67所示。

图3-67

⑪ 单击"横排文字工具" T 输入文本，设置合适的字体、大小和颜色，如图3-68所示。再双击图层，在弹出的"图层样式"勾选"描边"，设置"大小"为1、"颜色"为白色，如图3-69所示，效果如图3-70所示。

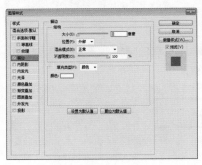

图3-68

图3-69

图3-70

⑫ 导入"素材文件>CH03>15.psd"文件，在图层面板设置"图层模式"为"正片叠底"，如图3-71所示。

图3-71

3.6 可爱风格店招设计

- 实例位置：实例文件>CH03>可爱风格店招设计.psd
- 素材位置：素材文件>CH03>16.psd
- 技术掌握：可爱风格店招的制作技法

本实例为可爱风格的店招设计，在设计中使用了俏皮字体和可爱的卡通形象素材，能够更好地拉近商品与顾客的距离，显得亲近、自然，效果如图3-72所示。

图3-72

3.6.1 设计思路指导

第1点：使用了大量的卡通素材进行搭配，给人可爱、亲近的感觉。

第2点：画面中使用了多种色相丰富、纯度高且明度适中的色彩，营造出鲜艳、活泼的视觉效果，给人带来愉悦的心情。

第3点：使用外形有弧度的字体，与卡通素材风格一致，营造出一种童趣、天真的氛围。

3.6.2 版式分析

在版式布局中分为两个区域，以店招名称为主题，易于读者清晰阅读，如图3-73所示。

图3-73

3.6.3 配色剖析

为了配合卡通的风格，采用了鲜艳的颜色，如图3-74所示。

图3-74

3.6.4 制作步骤

01 启动Photoshop CS6，然后按快捷键Ctrl+N新建一个"可爱风格店招设计"文件，具体参数设置如图3-75所示。

02 设置"前景色"颜色为（R:1，G:185，B:211），然后按快捷键Ctrl+Alt填充颜色，如图3-76所示。

图3-75

图3-76

03 使用"钢笔工具"绘制图形，在选项栏中设置"填充"颜色为（R:95，G:210，B:228）、"描边"为无，如图3-77所示。使用同样的方法绘制多个对象，如图3-78所示。

图3-77

图3-78

04 使用"钢笔工具"绘制多个图形，在选项栏中设置"填充"颜色为（R:158，G:228，B:238）、"描边"为无，如图3-79所示。

图3-79

05 使用"钢笔工具"绘制多个图形，在选项栏中设置"填充"颜色为无、描边颜色为（R:229，G:229，B:229）、"描边宽度"为2点，如图3-80所示，效果如图3-81所示，最后设置图层"不透明度"为45%，如图3-82所示。

图3-80

图3-81

图3-82

06 单击"椭圆工具" 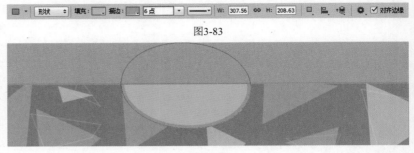，在选项栏中设置"填充"颜色为（R:255，G:227，B:89）、描边颜色为（R:251，G:195，B:1）、"描边宽度"为6点，如图3-83所示。在绘图区绘制图形，如图3-84所示。

图3-83

图3-84

07 单击"钢笔工具" ，在选项栏中设置"填充"颜色为白色，"描边"为无，然后在绘图区绘制图形，如图3-85所示。双击图层，在弹出的"图层样式"勾选"投影"，设置"不透明度"为30%、"角度"为120、"距离"为2、"大小"为6，如图3-86所示，效果如图3-87所示。

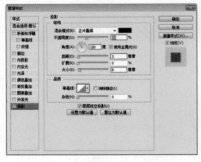

图3-86

图3-85

图3-87

08 单击"钢笔工具" ，在选项栏中设置"填充"为无、"描边宽度"为1.5点、"描边"颜色为（R:255，G:162，B:0），再设置"描边类型"为"虚线"，如图3-88所示。然后沿着上一层图形进行绘制，如图3-89所示。

图3-88

图3-89

09 单击"椭圆工具" ，在选项栏中设置"填充"为颜色（R:67，G:149，B:153）、"描边"为无，再将图层移动到下层，如图3-90所示。

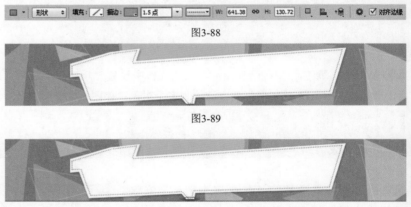

图3-90

10 使用"横排文字工具" 输入文本，选中前两字，选择合适的字体类型，设置"字体大小"为55点、"字间距"为100、颜色为（R:23，G:182，B:255），如图3-91所示。选中剩下文本，设置"字体大小"为45点、"字间距"为100、颜色为（R:247，G:42，B:92），如图3-92所示，效果如图3-93所示，最后按快捷键Ctrl+T将文本旋转合适的角度，如图3-94所示。

图3-91

图3-92 图3-93

图3-94

11 使用"横排文字工具" T.输入
文本,选择合适的字体类型,设置
"字体大小"为12点、"颜色"为
(R:189,G:189,B:189),再单
击"加粗"按钮,并旋转合适的角
度,如图3-95所示。使用"直线工
具"绘制对象,如图3-96所示。

图3-95

图3-96

12 使用"横排文字工具" T.输入文本,选择合适的字体类型,设置"字体大小"为18点、"颜色"为
(R:247,G:42,B:92),旋转合
适的角度,如图3-97所示。

图3-97

13 使用"钢笔工具" ∅.绘制对象,在选项栏中设置"填充"颜色为白色、描边为无,如图3-98所示。双击图
层,在弹出的"图层样式"勾选"投影",设置"不透明度"为45%、"大小"为5,如图3-99所示,效果如图
3-100所示。

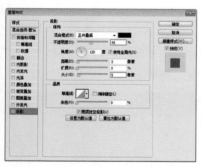

图3-99

图3-98

图3-100

14 导入"素材文件>CH03>16.
psd"文件,分别将图片移动到合
适的位置,如图3-101所示。

图3-101

15 单击"椭圆工具" ○.,在选项栏中设置"填充"颜色为(R:240,G:184,B:37)、"描边"颜色为(R:249,G:238,
B:84)、"描边宽度"为1.5,如图3-102所示。然后在绘图区绘制多个圆形,如图3-103所示。再使用"横排文字工
具" T.在圆形中输入文本,最终效果如图3-104所示。

图3-102

图3-103

图3-104

3.7 清新风格店招设计

- 实例位置：实例文件>CH03>清新风格店招设计.psd
- 素材位置：素材文件>CH03>17.jpg~22.jpg
- 技术掌握：清新风格店招的制作技法

本实例是清新风格的旅游店店招设计，将风景融入到店招中，让顾客在对商品产生兴趣的同时，能直观地感受到风景的美貌，效果如图3-105所示。

图3-105

3.7.1 设计思路指导

第1点：整个画面的色彩搭配以背景图像中的色彩为基调，通过粉色和浅蓝色的搭配来突显清新感，而高明度的色彩让整个画面显得自然、好看。

第2点：在画面中添加撞色的风景素材，让整个画面显得饱满而丰富。

3.7.2 版式分析

在本实例的设计中，通过合并的方式将背景中的图像融合在一起，形成一个整体。在左侧添加3个方形框，给人一种独特感，再加上编排的文字，将店铺的信息重点突显出来，如图3-106所示。

图3-106

3.7.3 配色剖析

为了与风景素材的色系融合，选取的颜色如图3-107所示。

图3-107

3.7.4 制作步骤

01 启动Photoshop CS6，然后按快捷键Ctrl+N新建一个"清新风格店招设计"文件，具体参数设置如图3-108所示。

图3-108

03 导入"素材文件>CH03>19.jpg"文件，在图层面板设置"混合模式"为"正片叠底"、"不透明度"为25%，如图3-112所示，效果如图3-113所示。

图3-112

04 单击"矩形工具" ，在选项栏中设置"填充"为无、"描边"为1.5、描边颜色为（R:98，G:98，B:98），然后在绘图区绘制一个矩形，如图3-114所示。单击图层面板下的"添加蒙版"按钮，再使用"渐变工具" 在蒙版拖曳渐变效果，如图3-115所示。

02 导入"素材文件>CH03>17.jpg"文件，将图片调整到合适的位置，如图3-109所示，然后导入"素材文件>CH03>18.jpg"文件，单击图层面板下的"添加蒙版"按钮，再使用"渐变工具" 在蒙版拖曳渐变效果，如图3-110所示，效果如图3-111所示。

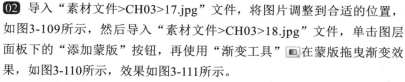

图3-109

图3-110

图3-111

图3-113

图3-114

图3-115

05 单击"矩形工具" ，在选项栏中设置"填充"颜色为白色、"描边"为无，然后在矩形中绘制对象，设置图层"不透明度"为40%，如图3-116所示。单击图层面板下的"添加蒙版"按钮，再使用"渐变工具" 在蒙版拖曳渐变效果，如图3-117所示。

图3-116

图3-117

06 将图层复制一层，设置图层的"不透明度"为50%，单击图层面板下的"添加蒙版"按钮，再使用"渐变工具" 在蒙版拖曳渐变效果，如图3-118所示。

07 选中斜线图层，使用"矩形选框工具" 框选出选区，如图3-119所示。按Delete键将选区内容进行删除，如图3-120所示。

图3-118

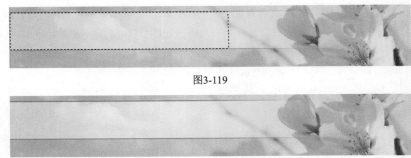

图3-119

图3-120

08 单击"矩形工具" ，在选项栏中设置"填充"颜色为（R:226，G:123，B:143）、"描边"为白色、"描边宽度"为2.24点，如图3-121所示。然后在绘图区中绘制对象，设置图层"不透明度"为40%，如图3-122所示。

图3-121

图3-122

09 双击图层，在"图层样式"勾选"投影"，设置"不透明度"为55，如图3-123所示，效果如图3-124所示，然后将图层复制两份，并将对象移动合适的位置，如图3-125所示。

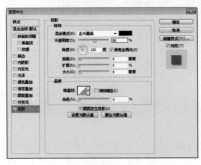

图3-123

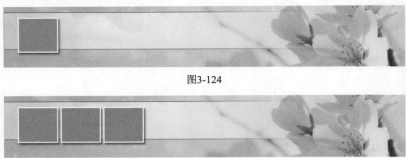

图3-124

图3-125

10 导入"素材文件>CH03>20.jpg~22.jpg"文件，将图片图层分别移动到粉色图形上，再按快捷键Ctrl+Alt+G将图片进行盖印，如图3-126所示。

11 单击"矩形工具" ，在选项栏中设置"填充"颜色为（R:226，G:123，B:143）、"描边"为无、"半径"为15像素，如图3-127所示。在绘图区绘制图形，效果如图3-128所示。

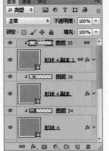

图3-126

图3-127

图3-128

⑫ 使用"横排文字工具" T. 在对象中分别输入文本，设置合适的字体和大小，颜色设置为（R:226，G:123，B:143）和白色，如图3-129和图3-130所示。

图3-129

图3-130

⑬ 使用"横排文字工具" T. 输入文本，设置合适的字体、颜色和大小，如图3-131所示。再双击图层，在弹出的"图层样式"中勾选"描边"，设置"大小"为3、颜色为白色，最终效果如图3-132所示。

图3-131

图3-132

3.8 个性甜品店招设计

- 实例位置：实例文件>CH03>个性甜品店招设计.psd
- 素材位置：素材文件>CH03>23.png~27.png、29.png、28.jpg、30.jpg、31.jpg
- 技术掌握：个性甜品店招的制作技法

本实例设计的是个性甜品的店招，整个编排设计主次分明，极具个性，具有很强的视觉冲击力，放置在左右两侧的甜品素材，能使顾客快速地接收到页面所传递的信息。店铺名称则选择较大字号的粗体文字表现，大面积占据画面的中心位置，彰显个性，效果如图3-133所示。

图3-133

3.8.1 设计思路指导

第1点：选择鲜甜的甜品图片，将图片放置在画面两侧，既增加画面的感染力又不影响主题文字内容的表现。

第2点：选择可爱的字体样式的主题文字，显得格外醒目，表现出富有力度的文字效果。适当地调整个别文字的角度，打破文字深沉的格局，填充鲜艳的颜色以提升画面的明艳度。

第3点：在背景中添加手绘甜品素材，为画面增加点缀效果。

3.8.2 版式分析

在版式的设计中，以图文面积对比来赋予版面活力。其中文字部分以较大的面积占据画面中心位置，决定了文字的主导地位和视觉中心，左右两边添加甜品素材，占据画面的较小面积，丰富画面的同时不影响主体物的视觉传递，起到点缀的作用，如图3-134所示。

图3-134

3.8.3 配色剖析

为了突出商品素材，选取的颜色如图3-135所示。

图3-135

3.8.4 制作步骤

01 启动Photoshop CS6，然后按快捷键Ctrl+N新建一个"个性甜品店招设计"文件，具体参数设置如图3-136所示。

图3-136

02 设置"前景色"颜色为（R:247，G:225，B:150），然后按快捷键Ctrl+Alt填充颜色，如图3-137所示。

图3-137

03 新建图层，设置"前景色"颜色为（R:244，G:232，B:182），使用"矩形选框工具" 框选出区域，再按快捷键Ctrl+Alt填充颜色，如图3-138所示。

图3-138

04 导入"素材文件>CH03>23.png"文件，将其拖曳到合适的位置，如图3-139所示。在图层面板设置"混合模式"为"正片叠底"、"不透明度"为40%，如图3-140所示。

图3-139

图3-140

05 单击"钢笔工具" ，在选项栏中设置"描边"颜色为（R:117，G:81，B:31）、"描边宽度"为0.37点、"描边类型"为"虚线"，在矩形对象下方绘制线条，如图3-141所示。

图3-141

06 将绘制的3个图层复制一份，将其拖曳到页面下方合适的位置，如图3-142所示。导入"素材文件>CH03>24.png~26.png"文件，将素材分别拖曳到合适的位置，并设置"填充"为5%，如图3-143所示。

图3-142

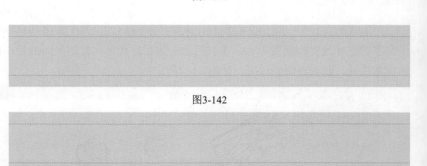

图3-143

07 导入"素材文件>CH03>27.png"文件，将其拖曳到合适的位置，设置"不透明度"为60%、"填充"为80%，如图3-144所示。再导入"素材文件>CH03>28.jpg"文件，设置"不透明度"为30%，如图3-145所示。单击图层面板下的"添加蒙版"按钮，再框选合适的位置，添加蒙版效果，如图3-146所示。

图3-144

图3-145

图3-146

08 使用"横排文字工具" T 输入文本，设置合适的字体类型、大小和颜色，如图3-147所示。单击图层面板下的"添加蒙版"按钮，再单击"渐变工具" ▣ 使用"圆形渐变"拖曳蒙版效果，如图3-148所示。

图3-147

图3-148

09 使用"横排文字工具" T 分别输入文本，设置合适的字体类型、大小和颜色，如图3-149所示。

图3-149

10 单击"矩形工具" ▣，在选项栏中设置"填充"为无、"描边"颜色为（R:189，G:165，B:102）、"描边宽度"为1.12点、"半径"为15像素，在文本处绘制图形，如图3-150所示。

图3-150

11 导入"素材文件>CH03>29.png"文件，将其拖曳到合适的位置，设置"混合模式"为"正片叠底"、"填充"为70%，如图3-151所示。分别选中绘制的上下图形的图层，单击图层面板下的"添加蒙版"按钮，将遮挡的部分添加蒙版效果，如图3-152所示。

图3-151

图3-152

12 选中素材图层，使用"魔棒工具" 🔍 分别选中区域，然后新建图层，再填充颜色，如图3-153所示。接着导入"素材文件>CH03>30.jpg~31.jpg"文件，分别将图片盖印到新建的图层上，如图3-154所示。效果如图3-155所示。

图3-153

图3-154

图3-155

13 单击图层面板下"调整图层"中的"曲线"，设置曲线的"输入""输出"点分别为76、35和198、169，如图3-156和图3-157所示，最终效果如图3-158所示。

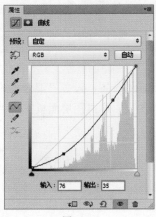

图3-156

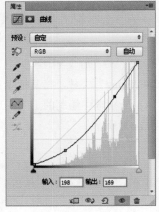

图3-157

图3-158

3.9 课后习题

课后习题	**男鞋店招设计**

- 实例位置：实例文件>CH03>课后习题 男鞋店招设计.psd
- 素材位置：素材文件>CH03>32.psd
- 技术掌握：男鞋店招的制作技法

本练习制作的是男鞋店招，使用多张素材拼合，效果如图3-159所示。

图3-159

【制作思路】

第1步：导入素材，将其拖曳到合适的位置，如图3-160所示。

图3-160

第2步：添加多张素材进行排放，如图3-161所示。

图3-161

课后习题	**美妆店招设计**

- 实例位置：实例文件>CH03>课后习题 美妆店招设计.psd
- 素材位置：素材文件>CH03>33.psd
- 技术掌握：美妆店招的制作技法

本练习制作的是美妆店招，效果如图3-162所示。

图3-162

【制作思路】

第1步：使用图形工具和素材制作背景，如图3-163所示。

图3-163

第2步：输入文本，完善信息，如图3-164所示。

图3-164

3.10 本课笔记

04

第4课
淘宝导航条设计

导航条是网店首页不可缺少的部分，不仅具有导航的作用，还是浏览者访问另一页面的快速通道。

课堂学习目标

- 认识导航条
- 导航条的常用尺寸
- 导航条设计要点
- 导航条的设计展示

4.1 认识导航条

设计一套好的店铺导航条会使店铺内的产品信息清晰明了。顾客利用导航条可以快速地找到想要浏览的商品或信息，从而提高购买的概率，如图4-1所示。将鼠标放置到"首页"按钮上时，就会出现下拉菜单，其中有很多商品分类和信息，方便顾客更快速地搜寻到所需商品。

图4-1

4.2 导航条尺寸规范

在设计淘宝网店导航的过程中，对于导航条的尺寸有一定的规范，淘宝网规定导航条的尺寸宽度为950像素、高度为50像素。如图4-2所示，可以看到导航条的尺寸能够利用的空间非常有限，除了可以对颜色和文字内容进行更改之外，很难进行更深层次的创作。但是，随着网店的导航条在影响店铺的成交率的因素中所占的比重逐渐增大，更多的商家开始对网店首页的导航条有了高度的重视。

图4-2

4.3 导航条设计要点

导航条的分类有很多种，在互联网中最常使用的导航布局有水平导航条、垂直导航条、POP导航条和有组织有序的导航条这4种，在淘宝网站中最流行的布局就是水平导航条。

在设计网店首页的导航条时，要考虑到导航条的色彩和字体的风格，应当从整个首页装修的风格出发，定义导航条的色彩和字体。因为导航条的尺寸较小，使用太突兀的色彩会形成喧宾夺主的效果，而鉴于导航条的位置都是固定在店招的下方，因此只要力求和谐和统一，就能够创作出满意的效果，如图4-3~图4-5所示。

图4-3

图4-4

图4-5

4.4 简洁风格导航条设计

- 实例位置：实例文件>CH04>简洁风格导航条设计.psd
- 素材位置：素材文件>CH04>01.jpg、02.png
- 技术掌握：简洁风格导航条的制作技法

本实例设计的是简洁风格的导航条，背景通过添加网格素材和丝带增加画面的时尚元素，搭配简单的长条形设计使画面整体简洁而时尚。再为圆角的导航条添加立体的视觉效果，吸引客户的视线，形成既简单又吸引人的视觉效果，效果如图4-6所示。

图4-6

4.4.1 设计思路指导

第1点：在浅黄色的背景上添加网格效果，为背景增加设计感。

第2点：在导航条中心添加丝带素材，并拖曳立体的视觉效果，增加的厚度和投影使其更加形象立体，吸引人的注意。

第3点：导航条上的菜单文字选择较粗的文字样式，突出文字的同时使其在平面的导航条上增加重心感。

4.4.2 版式分析

在版式设计中使用丝带放在导航的中间，将圆角矩形分成自然对称的布局效果，突出画面的空间感、平衡感，让导航条有活泼感，也让画面体现出干净舒适、轻快明朗的感受。布局中水平走向易于把握画面的平衡感，如图4-7所示。

图4-7

4.4.3 配色剖析

为了让导航条有活泼感，选取的颜色如图4-8所示。

图4-8

4.4.4 制作步骤

图4-9

01 启动Photoshop CS6，然后按快捷键Ctrl+N新建一个"简洁风格导航条设计"文件，具体参数设置如图4-9所示。

02 设置"前景色"颜色为（R:248，G:242，B:248），然后按快捷键Ctrl+Alt填充颜色，如图4-10所示。

图4-10

03 单击"圆角矩形工具" 🔲，在选项栏中设置"填充"颜色为（R:248，G:242，B:248）、"描边"颜色为白色、"描边宽度"为1.5点、"半径"为8像素，再选择"描边"类型为"虚线"，如图4-11所示。接着在绘图区绘制圆角矩形，效果如图4-12所示。

图4-11

图4-12

04 导入"素材文件>CH04>01.jpg"文件，在图层面板设置"混合模式"为"正片叠底"、"填充"为15%，再按快捷键Ctrl+Alt+G将图层盖印到下面一个图层，如图4-13所示。

图4-13

05 导入"素材文件>CH04>02.png"文件，将图像拖曳到合适的位置，如图4-14所示，然后双击图层，在弹出的"图层样式"对话框勾选"投影"，设置"不透明度"为45、"角度"为120、"距离"为5、"大小"为5，如图4-15所示，效果如图4-16所示。

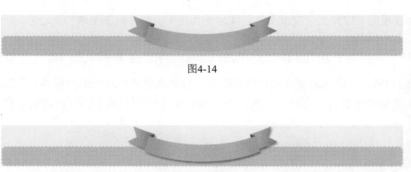

图4-14

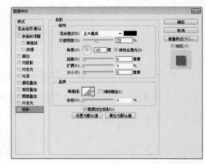

图4-16

图4-15

06 单击"钢笔工具" ✍，根据图像形状绘制一段路径，如图4-17所示。再使用"横排文字工具" T 在路径上输入文本，并选择合适的字体、大小和颜色，如图4-18所示。最后删除路径图层，效果如图4-19所示。

图4-17

图4-18

图4-19

07 使用"横排文字工具" T 在丝带正上方输入文本，选中文本图层，设置"字体大小"为48点、"字间距"为25、"颜色"为（R:237，G:210，B:201），并设置合适的字体类型，如图4-20所示，文本效果如图4-21所示。

08 使用"横排文字工具" T 在导航条上输入文本，选中文本图层，设置合适的字体大小、类型和颜色，最终效果如图4-22所示。

图4-20

图4-21

图4-22

4.5 阳光风格导航条设计

- 实例位置：实例文件>CH04>阳光风格导航条设计.psd
- 素材位置：无
- 技术掌握：阳光风格导航条的制作技法

本实例是以阳光风格为创作基调进行设计的导航条，配色时选择橙色系的色彩搭配，可以给人带来温暖，彰显活力和阳光。在字体的选择上，使用俏皮又稳重的文字配合整体风格，通过这些设计让客户体会到设计所营造出来的阳光活力的气氛，效果如图4-23所示。

图4-23

4.5.1 设计思路指导

第1点：在导航条上采用了上下起伏的圆角矩形构成，在色彩上使用渐变方式填充橙色，提升画面的温暖感和活跃感，与背景的单一色彩搭配使整个画面色彩传递的情感统一。

第2点：选择俏皮的可爱类字体，配合虚线线条装饰导航条，再添加可爱的小标志，丰富画面的同时增加文字的精致感。

4.5.2 版式分析

在布局设计中，遵循了水平排列的布局方式，将圆角矩形上下进行排版，避免版式上的单一。而左右一致又增加对称感，增加文字的韵律感，让文字在视觉上形成焦点，使得观者的视觉由上至下，有着明确的视觉导向，版式如图4-24所示。

图4-24

4.5.3 配色剖析

实例的风格为阳光风格，配色多以暖色为主，选取的颜色如图4-25所示。

图4-25

4.5.4 制作步骤

01 启动Photoshop CS6，然后按快捷键Ctrl+N新建一个"阳光风格导航条设计"文件，具体参数设置如图4-26所示。

图4-26

02 单击"圆角矩形工具" ，在选项栏中设置"填充"颜色为（R:236，G:105，B:65）、"描边"为无、"半径"为5像素，如图4-27所示，接着在绘图区绘制圆角矩形，效果如图4-28所示。

图4-27

图4-28

03 单击"圆角矩形工具" ，在选项栏中设置"填充"为无、"描边"颜色为（R:250，G:205，B:137）、"描边宽度"为1.33点、"半径"为5像素，再选择"描边"类型为"虚线"，如图4-29所示。接着在圆角矩形上绘制对象，效果如图4-30所示。

图4-29

图4-30

04 单击"圆角矩形工具" ，在选项栏中设置"填充"颜色为（R:241，G:145，B:73）、"描边"为无、"半径"为5像素，接着绘制圆角矩形，再使用同样的方法绘制虚线，效果如图4-31所示。

05 单击"圆角矩形工具" ，在选项栏中设置"填充"颜色为（R:248，G:181，B:81）、"描边"为无、"半径"为5像素，接着绘制圆角矩形，再使用同样的方法绘制虚线，效果如图4-32所示。

图4-31

图4-32

06 选中绘制好的所有圆角矩形图层，按快捷键Ctrl+J将图层进行复制，然后将对象拖曳到绘图区右侧，接着按快捷键Ctrl+T，在自由变换框中单击鼠标右键，在下拉菜单中选择"水平翻转"并确认，如图4-33所示，效果如图4-34所示。

图4-33

图4-34

07 单击"自定形状工具" ，在选项栏中设置"填充"颜色为（R:236，G:122，B:86）、"描边"为无，再选择"形状"为花6，如图4-35所示。接着在绘图区中间绘制对象，效果如图4-36所示。

图4-35

图4-36

08 单击"自定形状工具" ，在选项栏中设置"填充"为无、"描边"颜色为（R:246，G:179，B:127）、"描边宽度"为1.33点，再选择"描边"类型为"虚线"，如图4-37所示。接着在图像上绘制对象，效果如图4-38所示。

图4-37

图4-38

09 单击"钢笔工具" ，在选项栏中设置"工具模式"为"形状"，再设置"填充"为无、"描边"颜色为（R:246，G:179，B:127）、"描边宽度"为1.5点，并选择"描边"类型为"虚线"，如图4-39所示。在合适的位置绘制形状，如图4-40所示。

图4-39

图4-40

⑩ 使用"横排文字工具"ⓣ输入文本，设置合适的字体类型、大小和颜色，如图4-41所示。双击文本图层，在弹出的"图层样式"勾选"内阴影"，设置"距离"为1、"大小"为1，如图4-42所示。

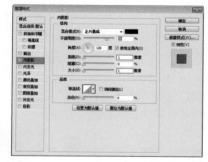

图4-41

图4-42

⑪ 单击"自定形状工具"ⓐ，在选项栏中设置"填充"颜色为白色、"描边"为无，再选择"形状"为皇冠4，如图4-43所示。在绘图区中间绘制对象，接着双击图层，在弹出的"图层样式"中勾选"内阴影"，设置"距离"为2、"大小"为2，如图4-44所示，效果如图4-45所示。

图4-43

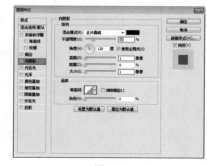

图4-45

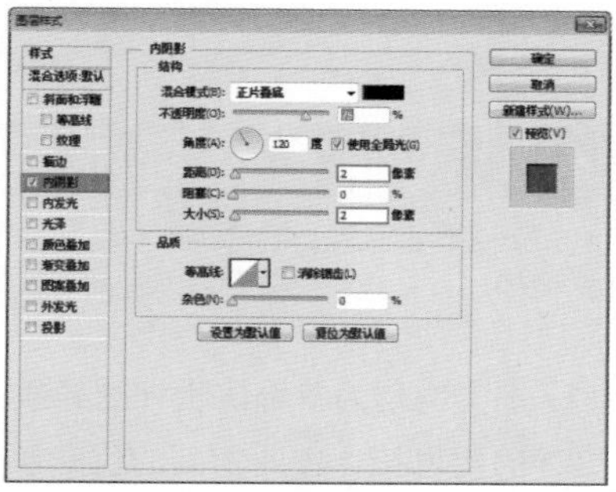

图4-44

⑫ 使用"横排文字工具"ⓣ在圆角矩形中输入文本，设置合适的字体类型、大小和颜色，如图4-46所示。双击文本图层，在弹出的"图层样式"中勾选"内阴影"，设置"不透明度"为25%、"距离"为1、"大小"为1，如图4-47所示，效果如图4-48所示。

图4-46

图4-48

图4-47

⑬ 用鼠标右键单击文本图层，在下拉菜单中单击"粘贴图层样式"，如图4-49所示，然后选中其他文本图层，单击鼠标右键，在下拉菜单中选择"拷贝图层样式"，如图4-50所示。使用同样的方法为其他文本添加效果，效果如图4-51所示。

| 拷贝图层样式 |
| 粘贴图层样式 |
| 清除图层样式 |

图4-49

| 拷贝图层样式 |
| 粘贴图层样式 |
| 清除图层样式 |

图4-51

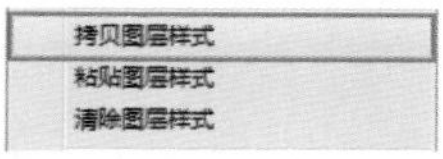

图4-50

⑭ 单击"自定形状工具"ⓐ，在选项栏中选择"形状"为会话1，然后分别设置"填充"颜色为（R:230，G:0，B:18）和（R:238，G:238，B:238），再在绘图区绘制对象，如图4-52所示。

图4-52

⓯ 单击"自定形状工具" 🔳，在选项栏中设置"填充"颜色为（R:230，G:0，B:18）、"描边"为无，再选择"形状"为红心形卡，并在会话图像中绘制对象，如图4-53所示。

图4-53

⓰ 使用"横排文字工具" 🔳在会话图形中输入文本，设置合适的字体类型、大小和颜色，如图4-54所示，最终效果如图4-55所示。

图4-54　　　　　　　　　　　　　　　　　　　　图4-55

4.6　高雅首饰导航条设计

- 实例位置：实例文件>CH04>高雅首饰导航条设计.psd
- 素材位置：素材文件>CH04>03.jpg、04.png
- 技术掌握：首饰导航条的制作技法

　　本实例是为首饰店设计的导航条，在设计中选择了可以表现视觉宁静和理智的深绿色作为导航条的背景，这样的构思符合行业物品的色彩和行业人群的喜好。此外搭配首饰常用的花纹和人物图片，让导航条古典、端庄，如图4-56所示。

图4-56

4.6.1　设计思路指导

　　第1点：镂空的背景边框能制造出一定的空间感，右侧融合古风的效果图，使整体的设计呈现出舒适和端正的视觉感受。

　　第2点：添加具有古典风格花边元素的导航条，给画面营造一种古典气氛，将其放置于画面水平的中心位置，形成视觉中心点。

　　第3点：导航条上的文字选择方正的字体样式，并以水平整齐的方式排列到导航条上，搭配画面整体的古典和端庄风格。

4.6.2　版式分析

　　采用最简单的矩形形状，结合玉佩的样式，给人别样的感觉，如图4-57所示。

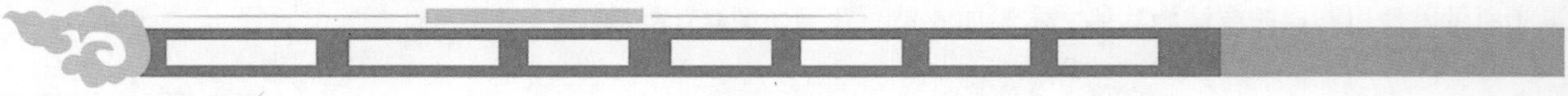

图4-57

4.6.3　配色剖析

　　配合古典气息和素材图片，选取的颜色如图4-58所示。

图4-58

4.6.4 制作步骤

01 启动Photoshop CS6，然后按快捷键Ctrl+N新建一个"高雅首饰导航条设计"文件，具体参数设置如图4-59所示。

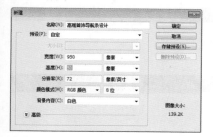

图4-59

04 选中素材图像图层，按快捷键Ctrl+Alt+G将图层向下进行盖印，效果如图4-63所示。

05 单击"钢笔工具" ，在选项栏中设置"工具模式"为"形状"，然后在绘图区左侧绘制对象，如图4-64所示。在选项栏中设置"填充"颜色为（R:11，G:92，B:75），如图4-65所示。

06 使用"横排文字工具" 在图形上方输入文本，设置合适的字体类型、大小和颜色，如图4-66所示。

07 单击"钢笔工具" ，在选项栏中设置"工具模式"为"形状"、"描边"颜色为（R:201，G:201，B:201）、"轮廓宽度"为1点，再在文本旁绘制两条线段，如图4-67所示。

08 单击图层面板下方的"添加蒙版"按钮，再单击"渐变工具" ，在选项栏中设置类型为"线性渐变"，接着在图像的蒙版层上拖曳渐变效果，如图4-68所示。使用同样的方法为另一边图层拖曳渐变效果。

09 使用"横排文字工具" 在矩形图像中输入文本，设置合适的字体类型、大小和颜色，如图4-69所示。单击"多边形工具" ，在选项栏中设置"填充"颜色为白色、"描边"为无、"边"为3，接着在文本旁绘制对象，如图4-70所示。

02 单击"矩形工具" ，在选项栏中设置"填充"颜色为（R:11，G:92，B:75）、"描边"为无，然后在绘图区绘制矩形，如图4-60所示。

图4-60

03 导入"素材文件>CH04>03.jpg"文件，将图像拖曳到绘图区右侧，如图4-61所示。单击图层面板下方的"添加蒙版"按钮，再单击"渐变工具" ，在选项栏中设置类型为"线性渐变"，接着在图像的蒙版层上拖曳渐变效果，如图4-62所示。

图4-61

图4-62

图4-63

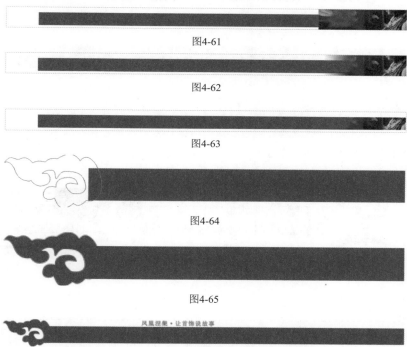

图4-64

图4-65

图4-66

图4-67

图4-68

图4-69

图4-70

10 导入"素材文件>CH04>04.png"文件，缩放图像大小，将图像拖曳到合适的位置，如图4-71所示。使用"横排文字工具" T 在图像旁输入文本，设置合适的字体类型、大小和颜色，如图4-72所示。

图4-71    图4-72

11 使用同样的方法绘制图像和文本，最终效果如图4-73所示。

图4-73

4.7 古朴风格导航条设计

- 实例位置：实例文件>CH04>古朴风格导航条设计.psd
- 素材位置：素材文件>CH04>05.png
- 技术掌握：古朴风格导航条的制作技法

本实例的导航条选择了色彩较为淡雅朴素的浅黄色和浅绿色进行搭配，是稳定、朴实又具亲和力的配色。同时选择了针线外形的虚线丝带进行修饰，表现出一种古朴、自然的效果，给人带来古典而又柔和的色彩感情，让客户加深对店铺的信任和喜爱，效果如图4-74所示。

图4-74

4.7.1 设计思路指导

第1点：半透明的背景边框能制造出一定的空间感，背景填充的浅黄色代表着温暖和端庄的视觉感受，最后添加的线框丰富背景，整体的背景设计给人舒适和端正的视觉感受。

第2点：选择虚线效果进行装饰，使单调的丝带更有立体感，画面的效果自然，搭配在绿色色调上更赋有层次感。

第3点：导航条上的文字选择方正的字体样式，并以水平整齐的方式排列到导航条上，搭配画面整体的风格。

4.7.2 版式分析

在布局设计中使用了锦旗外形的形状放在导航的中间，并添加丝带形状作为导航条的主题，导航条两侧相同的丝带在视觉上形成对称的效果，给人以平衡、稳定的感觉。导航条中以相同距离分布的字，带来一种简单的韵律感，让导航条在实际操作中，自然地带有视觉导向，如图4-75所示。

图4-75

4.7.3 配色剖析

为了展示清爽风格，选取的颜色如图4-76所示。

图4-76

4.7.4 制作步骤

01 启动Photoshop CS6，然后按快捷键Ctrl+N新建一个"古朴风格导航条设计"文件，具体参数设置如图4-77所示。

图4-77

02 单击"矩形工具"，在选项栏中设置"填充"颜色为（R:89，G:85，B:77）、"描边"为无，然后在绘图区绘制对象，如图4-78所示。

图4-78

03 双击图层，在弹出的"图层样式"中勾选"描边"，设置"大小"为1、"颜色"为黑色，如图4-79所示。

04 在"图层样式"中勾选"内阴影"，然后设置"混合模式"为"叠加"、"不透明度"为43、"角度"为90、"距离"为0、"阻塞"为100、"大小"为1，如图4-80所示。

05 在"图层样式"中勾选"图层叠加"，设置"混合模式"为"正片叠底"、"不透明度"为15、"图案"为doc 02，如图4-81所示。

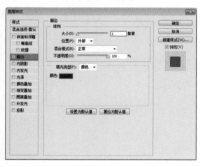

图4-79

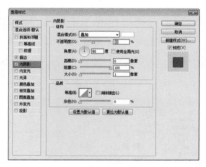

图4-80

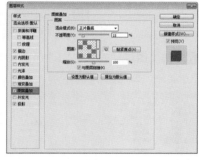

图4-81

06 在"图层样式"中勾选"投影"，设置"不透明度"为50、"角度"为59、"大小"为0，如图4-82所示。接着单击"确定"按钮，效果如图4-83所示。

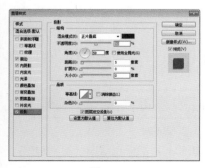

图4-82

07 单击"矩形工具"，在选项栏中设置"填充"颜色为（R:248，G:238，B:207），然后在矩形对象中绘制对象，如图4-84所示。

图4-83

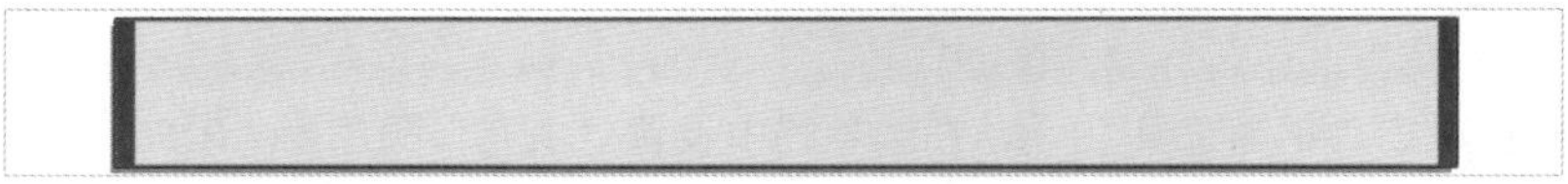

图4-84

08 双击绘制对象的图层，在弹出的"图层样式"中勾选"描边"，设置"大小"为1、"位置"为"内部"、"颜色"为（R:64，G:55，B:40），如图4-85所示。

09 在"图层样式"中勾选"内阴影"，设置"混合模式"为"正常"、"颜色"为白色、"不透明度"为100、"距离"为0、"阻塞"为100、"大小"为2，如图4-86所示。

10 在"图层样式"中勾选"投影"，设置"不透明度"为25、"距离"为0，设置完成后单击"确定"按钮 ，如图4-87所示。

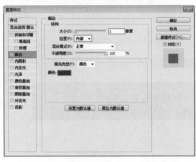 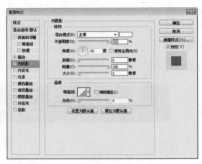 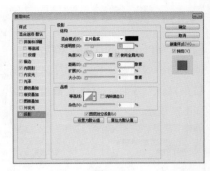

图4-85 图4-86 图4-87

11 单击"矩形工具" ，在绘图区绘制对象，在图层面板设置"填充"为0%，如图4-88所示，效果如图4-89所示。

图4-89

12 双击图层，在弹出的"图层样式"中勾选"描边"，设置"大小"为1、"位置"为"内部"、"颜色"为（R:216，G:206，B:163），如图4-90所示。

图4-88

13 在"图层样式"中勾选"图案叠加"，设置"混合模式"为"正片叠底"、"不透明度"为3、"图案"为Pattern 12，如图4-91所示。完成后单击"确定"按钮 ，效果如图4-92所示。

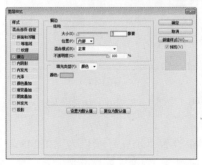 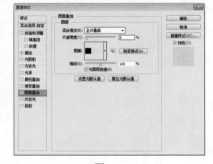 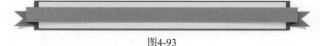

图4-90 图4-91 图4-92

14 导入"素材文件>CH04>05.png"文件，将其拖曳到合适的位置，如图4-93所示。单击图层面板下方的"添加蒙版"按钮，在图像的蒙版层将多余的部分擦除，如图4-94所示。

图4-93 图4-94

15 单击"钢笔工具" ，在选项栏中设置"填充"颜色为（R:66，G:62，B:52），然后在绘图区绘制对象，如图4-95所示，接着双击图层，在"图层样式"勾选"投影"，设置"不透明度"为20、"扩展"为100、

"大小"为1，如图4-96所示，效果如图4-97所示。

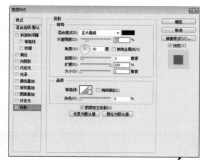

图4-95

图4-97

图4-96

16 使用"横排文字工具" T 在素材对象上输入文本，在选项栏中设置"字体类型"为"黑体"、"字体大小"为18点、"颜色"为白色，再单击加粗按钮，如图4-98所示，效果如图4-99所示。

图4-98

图4-99

17 双击图层，在"图层样式"中勾选"内阴影"，设置"不透明度"为15、"距离"为2、"大小"为2，如图4-100所示，设置完成单击"确定"按钮 确定 ，效果如图4-101所示。

18 使用同样的方法绘制剩下的文本，最终效果如图4-102所示。

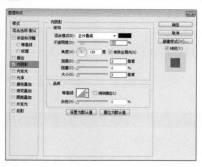

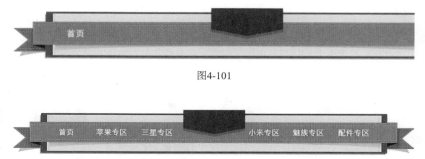

图4-100

图4-101

图4-102

4.8 时尚风格导航条设计

- 实例位置：实例文件>CH04>时尚风格导航条设计.psd
- 素材位置：无
- 技术掌握：时尚风格导航条的制作技法

本实例设计的是时尚风格的导航条，将简单的小三角运用到导航条的设计中，增加时尚感，同时将所有分类和搜索框进行不同形式的绘制，给人动态的感受，通过这种动静结合的表现方式吸引人的眼球，效果如图4-103所示。

图4-103

4.8.1 设计思路指导

第1点：导航条填充红黑色传达平静稳重的视觉感受，避免影响主体物的视线。

第2点：所有分类填充灰黑色和内阴影能增加空间延伸感，使导航条的视觉力度加厚，使其更加精致可观。

第3点：制作小三角形当作文字的间隔，时尚感十足。

4.8.2 版式分析

版式采用3种样式绘制，让导航条有时尚风格，让画面体现出突出感；以另一种方式排列，增加导航条的实用功能和版式的独特性，如图4-104所示。

图4-104

4.8.3 配色剖析

为了展示红黑的稳重感，选取的颜色如图4-105所示。

图4-105

4.8.4 制作步骤

01 启动Photoshop CS6，然后按快捷键Ctrl+N新建一个"时尚风格导航条设计"文件，具体参数设置如图4-106所示。

02 单击"圆角矩形工具" ，在选项栏中设置"填充"为"渐变效果"，颜色从（R:229，G:40，B:40）到（R:163，G:52，B:50）、"角度"为95，如图4-107所示，再设置"半径"为12像素，如图4-108所示，接着在绘图区绘制对象，效果如图4-109所示。

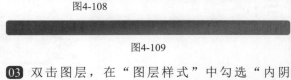

图4-108

图4-106 图4-107

图4-109

03 双击图层，在"图层样式"中勾选"内阴影"，然后单击"确定"按钮 确定 ，效果如图4-110所示。

图4-110

04 单击"圆角矩形工具" ，在选项栏中设置"填充"为"渐变效果"，颜色从（R:188，G:61，B:61）到（R:163，G:52，B:50）、"角度"为77，如图4-111所示，接着在圆角矩形内绘制对象，效果如图4-112所示。

图4-112

05 双击图层，在"图层样式"中勾选"投影"，然后单击"确定"按钮 确定 ，效果如图4-113所示。

图4-111 图4-113

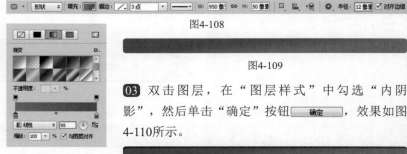

图4-114

06 单击"圆角矩形工具" ，在选项栏中设置"填充"为"渐变效果"，颜色从（R:119，G:118，B:118）到（R:74，G:72，B:72）、"角度"为0，再设置"半径"为8像素，如图4-114所示。接着在合适的地方绘制对象，效果如图4-115所示。

图4-115

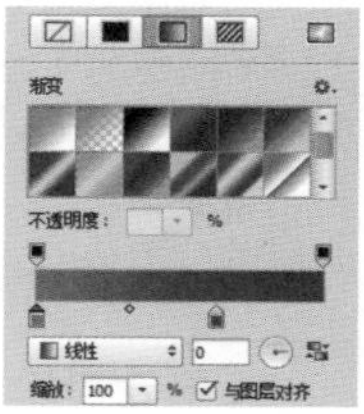

07 单击图层面板下方的"添加蒙版"按钮，再单击"矩形选框工具" ，接着在图像的蒙版层上框选出多余的地方进行剪切，如图4-116所示。

图4-116

08 使用"横排文字工具" 在矩形图像中输入文本，设置合适的字体类型、大小和颜色，如图4-117所示。单击"多边形工具" ，在选项栏中设置"填充"颜色为白色、"描边"为无、"边"为3，接着在文本旁绘制对象，如图4-118所示。

图4-117

图4-118

09 单击"矩形工具" ，设置"填充"颜色为白色，然后在绘图区右侧绘制对象，如图4-119所示。接着双击图层，在"图层样式"中勾选"内阴影"，再设置"不透明度"为35，效果如图4-120所示。

图4-119

图4-120

10 单击"自定形状工具" ，设置"填充"颜色为（R:220，G:220，B:220）、"描边"颜色为（R:191，G:191，B:191）、"描边宽度"为0.5点、"形状"为"搜索"，如图4-121所示，效果如图4-122所示。

图4-121

图4-122

11 单击"多边形工具" ，在选项栏中设置"填充"颜色为黑色、"描边"为无、"边"为3，接着在合适的位置绘制对象，如图4-123所示。然后将对象复制两份，并垂直旋转一份对象，将其拖曳到合适的位置，如图4-124所示，最终效果如图4-125所示。

图4-123

图4-124

图4-125

4.9 课后习题

课后习题	图文导航条设计

- 实例位置：实例文件>CH04>课后习题 图文导航条设计.psd
- 素材位置：素材文件>CH04>06.psd
- 技术掌握：图文导航条的制作技法

　　本练习是制作简单的图文导航条，简单的分类文字排列和图文相对应，避免导航条所带来的单一和呆板感，效果如图4-126所示。

图4-126

【制作思路】

第1步：填充背景色，排列导航条文本内容，如图4-127所示。

第2步：导入图片素材，如图4-128所示。

图4-127　　　　　　　　　　　　　　　　　　　　　　　图4-128

课后习题　清爽风格导航条设计

● 实例位置：实例文件>CH04>课后习题清爽风格导航条设计.psd
● 素材位置：素材文件>CH04>07.jpg
● 技术掌握：清爽风格导航条的制作技法

　　本练习是制作清爽风格的导航条，制作内容简单，找到合适的素材导入，再添加内容即可。主要考查的是平时的素材收集能力和搭配色彩的运用，效果如图4-129所示。

图4-129

【制作思路】

第1步：导入素材，调整符合主题的颜色，如图4-130所示。

第2步：输入导航条内容，添加文本效果，如图4-131所示。

图4-130 　　　　　　　　　　　　　　　　　　　　　　　图4-131

4.10 本课笔记

05

第5课
首页欢迎模板设计

网页的首页欢迎模块是对店铺最新产品、促销优惠和节假日活动等信息进行展示的区域。欢迎模板位于店铺导航条的下方，其设计的面积比店招和导航条都要大，是顾客进入店铺首页后观察到的最醒目的区域。

课堂学习目标

- 欢迎模板分类
- 模板设计技巧
- 模板版式的分类
- 首页模板的设计

5.1 欢迎模块分类

由于欢迎模块在网店首页开启的时候占据了大面积的位置，因此设计的空间也需要增大，需要传递的信息也更有讲究。如何找到产品的卖点、添加合适的设计创意、文字与产品的结合及与店铺风格更好地融合，是设计欢迎模块需要考虑的一个较大的问题，如图5-1所示。

图5-1

欢迎模块和店铺的店招不同的是，它会随着店铺的销售情况进行改变。当店铺在特定的节目或者店铺周年庆等重要日子时，欢迎模块中的设计会以相关的活动信息为主；当店铺最近添加了新的商品时，欢迎模块中的设计内容应当以"新品上架"为主要内容；而当店铺有较大的变动时，欢迎模块还可以充当公告栏的作用，告知顾客及相关信息内容，如图5-2~图5-4所示。

图5-2

图5-3

图5-4

5.2 前期准备和表现因素

在设计欢迎模块之前，必须明确设计的主要内容和主题。根据设计的主题来寻找合适的创意和表现方式，设计之前应当思考这个欢迎模块设计的目的，如何让顾客轻松地接受，了解顾客最容易接受的方式是什么。最后还要对同行业、同类型的欢迎模块的设计进行研究，得出结论后再开始着手欢迎模块的设计和制作，这样创作出来的作品才更加容易被市场和顾客认可。

在进行欢迎模块页面设计时，文案条理清晰，要知道表达的中心、主题是什么，衬托文字的内容是哪些。主题文字尽量最大化占整个文字的布局画面，可以考虑用英文来衬托主题，背景和主题元素相呼应，体现出平衡和整合。最好有疏密、粗细和大小的变化，在变化中求平衡，这样做出来的首页欢迎模块整体效果才会比较舒服，如图5-5所示。

图5-5

5.3 欢迎模块设计的技巧

一张优秀的欢迎模块页面设计，通常都具备3个元素，那就是合适的背景、优秀的文案和醒目的产品信息。如果设计的欢迎模块的画面看上去不满意，一定是这3个方面出了问题。常见问题有背景高度太高或太复杂，如蓝天、白云和绿地，很有可能会减弱文案及产品主题的体现，图5-6所示的欢迎模块的背景色彩和谐而统一，让整个海报看上去简洁、大气。

图5-6

5.3.1 注意信息间的间距

在欢迎模块设计的页面中主页信息有主标题、副标题和附加内容。设计的时候可以分为三段，段间距要大于行间距，上下左右也要有适当的留白，图5-7所示为欢迎模块中文字的表现，可以看到其中文字的间距非常有讲究，能够让顾客非常容易抓住重点，易于阅读。

图5-7

5.3.2 文案内容的字体不超过三种

在欢迎模块的文案设计中，需要使用不同的字体来提升文本的设计感和阅读感，但是不能超过3种字体。很多看上去画面凌乱的海报，就是因为字体使用太多而显得不统一。针对突出主标题这个目的，可以用粗大的字体，字体不要有过多的描边，或与主题风格不一致，具体的使用方法可以根据欢迎模块整体画面的风格来进行选择。店铺欢迎模块的设计中，中文字体一般使用了3种不同的风格进行创作，将文案中的主题内容、副标题和说明性文字的主次关系分别呈现出来，让顾客在浏览的过程中能够轻易地抓住画面的信息重点，提高阅读的体验。

5.3.3 画面的色彩不宜繁多

在欢迎模块画面中，配色是十分关键的，画面的色调会在信息传递到顾客脑海之前提前营造出一种氛围，所以颜色搭配尽量不要超过3种。在具体的配色中，针对重要的文字信息，可以用高亮醒目的颜色来进行强调和突出，如图5-8所示。在欢迎模块中，使用色彩明度较低的颜色来对标题文字进行填充，而背景和商品的色彩明度都偏高，这样清晰的明暗对比能够让画面信息传递更醒目。

图5-8

5.3.4 对画面适当的留白处理

高端、大气、上档次是对设计的要求，可是什么样的设计才算是大气呢？如果在设计中发现欢迎模块中需要突出的内容过多，将画面全部占满，此时设计出来的作品会给人密密麻麻的感觉，让人喘不过气，这样的设计就不具备大气的条件。如果这时候在设计中适当留白，那么效果就会好很多。能让顾客在最短的时间内阅读完店铺的信息，减轻阅读的负担，适当的留白就可以表现出一种宽松自如的态度，让顾客的想象力自由发挥。

如图5-9所示，对欢迎模块中的版式留白进行分析，可以看到适当的留白让画面中的文案更加突显，减轻阅读的压力，将画面精致、大气的风格非常明显地表现出来，让整个版式显得错落有致。

5.3.5 合理构图理清设计思路

在设计欢迎模块的过程中，很多时候会模仿别人的设计，如果对欢迎模块的内容进行分解，很容易理解一个设计的布局是怎么样形成的。有时间的时候可以把一些好的设计拿出来进行布局分析，当需要设计的时候，就可以通过平时的积累来丰富设计。

在设计的过程中，可以根据商品图片、画面意境或者素材的外形来对画面的布局进行选择。通过大小对比，明暗的协调，或者是色彩的差异来突出画面中的重点，基于欢迎模块的内容以及尺寸，对欢迎模块的布局进行了归纳和总结。

1.双栏分布
左图右文或者左文右图的形式，如图5-10所示。

2.多栏分布
左侧图片，右侧作为说明形式，如图5-11所示。

图5-10

图5-11

3.三栏分布
中间文字，两边图片形式，如图5-12所示。

4.多栏分布
两侧图片，中间说明形式，如图5-13所示。

图5-12

图5-13

5.上下分布
上方文字，下方图片的形式，如图5-14所示。

图5-14

图5-9

小提示

在制作网店设计的过程中，特别是在网页的版面设计时，应呈现出独特的设计风格。店铺装修版面设计要有统一的风格，形成整体，从更深层次、更为广阔的视野中来定位自己的版面样式，给顾客带来美的感受的同时提升店铺的吸引力。

5.4 首饰欢迎模块设计

- 实例位置：实例文件>CH05>首饰欢迎模块设计.psd
- 素材位置：素材文件>CH05>01.jpg~14.jpg、15.png
- 技术掌握：首饰欢迎模块的制作技法

本实例是为首饰商品展示设计的欢迎板块页面，通过分区域的方式来展示商品，效果如图5-15所示。

5.4.1 设计思路指导

第1点：使用方框的方式来分隔图像和文字，画面中红色色调让人感到热情、喜庆，而深色色调给人沉稳感。

第2点：背景的设计中使用较为深色的相似色来制作背景，避免使用单一颜色而使得画面呆板。

图5-15

5.4.2 版式分析

在版式的设计中用对称构图的方式对设计中的元素进行安排，让人感受到协调、整齐的感觉，呈现出严谨的态度，如图5-16所示。

5.4.3 配色剖析

为了展示古典的风格，选取的颜色如图5-17所示。

图5-16

图5-17

5.4.4 制作步骤

01 启动Photoshop CS6，然后按快捷键Ctrl+N新建一个"首饰欢迎模块设计"文件，具体参数设置如图5-18所示。

02 导入"素材文件>CH05>01.jpg"文件，在图层面板设置"不透明度"为50%，如图5-19所示。

03 为了方便接下来的操作，使用辅助线划分。按快捷键Ctrl+R打开尺寸窗口，拉出辅助线，如图5-20所示。

图5-18

图5-19

图5-20

04 使用"矩形工具" ▣ 在辅助线上绘制对象，如图5-21所示。使用同样的方式在剩下的辅助线上绘制对象，如图5-22所示，所绘制的对象作为辅助线条。

05 使用"矩形选框工具" ▣ 框出辅助线段隔断的区域，依次设置前景色为白色、（R:7，G:98，B:73）、白色、（R:63，G:0，B:0），按快捷键Alt+Delete填充，如图5-23所示。

图5-21

图5-22

图5-23

06 使用同样的方法为剩下的区域填充颜色，依次设置前景色为（R:90，G:48，B:34）、白色、（R:151，G:142，B:137）、白色、白色、（R:142，G:161，B:173）、白色、（R:25，G:56，B:18）、（R:182，G:25，B:38）、白色、（R:190，G:151，B:136）、白色，按快捷键Alt+Delete填充，如图5-24所示。

07 导入"素材文件>CH05>02.jpg"文件，将素材盖印到白色图层上，图层如图5-25所示，效果如图5-26所示。导入"素材文件>CH05>03.jpg~09.jpg"文件，使用同样的方法将素材分别盖印在白色图层上，效果如图5-27所示。

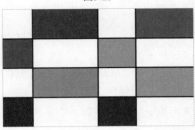

图5-24

图5-25   图5-26

图5-27

08 导入"素材文件>CH05>10.jpg~14.jpg"文件，将素材拖曳到合适的位置，然后选中导入的素材图层，设置"混合模式"为"滤色"，如图5-28所示。

09 导入"素材文件>CH05>15.png"文件，将其拖曳到合适的位置，如图5-29所示。单击"自定形状工具" ▣，在选项栏中设置"填充"为白色、"描边"为无、"形状"为"红心形卡"，如图5-30所示。接在在素材中绘制对象，如图5-31所示。

图5-28

图5-29

图5-30

图5-31

10 使用"横排文字工具" T 在合适的位置输入文本，然后选择合适的字体和大小，并设置颜色为白色，如图5-32和图5-33所示，最终效果如图5-34所示。

图5-32

图5-33

图5-34

5.5 优惠欢迎模块设计

- 实例位置：实例文件>CH05>优惠欢迎模块设计.psd
- 素材位置：素材文件>CH05>16.psd、17.png、18.png、19.jpg
- 技术掌握：优惠欢迎模块的制作技法

本实例是以优惠作为主题的欢迎模板，画面中使用较为清新的色彩来进行表现，同时对画面的布局进行合理的分配，增加客户的兴趣感，提高店铺的购买力，效果如图5-35所示。

图5-35

5.5.1 设计思路指导

第1点：以清新的颜色进行搭配，能表达活泼感。
第2点：醒目的活动主题文字占据较大的位置，将其与商品进行一定比例的排列，有效地增加购买率。

5.5.2 版式分析

在版式设计中将区域分为左右两个部分，其中主题部分占2/3，商品展示为剩下的部分，如图5-36所示。

图5-36

5.5.3 配色剖析

以清新感来展示欢迎模块，选取的颜色如图5-37所示。

图5-37

5.5.4 制作步骤

01 启动Photoshop CS6，然后按快捷键Ctrl+N新建一个"优惠欢迎模块设计"文件，具体参数设置如图5-38所示。

02 设置"前景色"为（R:126，G:206，B:244），然后按快捷键Alt+Delete填充颜色，如图5-39所示。

03 导入"素材文件>CH05>16.psd"文件，将图像拖曳到合适的位置，在图层面板设置"不透明度"为10%，如图5-40所示。

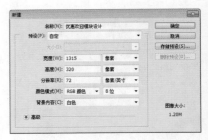

图5-38

图5-39

图5-40

04 导入"素材文件>CH05>17.png"文件，将对象拖曳到绘图区左侧，如图5-41所示。然后使用"横排文字工具" T在素材中输入文本，并选择合适的字体和大小，再设置颜色为（R:120，G:200，B:242），如图5-42所示。

图5-41

图5-42

05 单击"矩形工具" ，在选项栏中设置"描边"颜色为（R:229，G:229，B:229）、"描边宽度"为3点，然后在文本下方绘制对象，如图5-43所示。

06 使用"横排文字工具" T在矩形下方输入文本，选择合适的字体和大小，再设置颜色为（R:120，G:200，B:242），如图5-44所示。

07 导入"素材文件>CH05>18.png"文件，将其拖曳到合适的位置，然后使用"矩形工具" 绘制对象，设置"填充"颜色为白色、"描边"为无，接着在素材中绘制对象，如图5-45所示。

图5-43

图5-44

图5-45

08 使用"横排文字工具" T在矩形中输入文本，然后选择合适的字体和大小，并设置颜色为（R:128，G:128，B:128），如图5-46所示。接着双击文本图层，在"图层样式"中勾选"外发光"，设置"不透明度"为10、"颜色"为白色、"扩展"为5、"大小"为20，如图5-47所示，效果如图5-48所示。

09 使用"横排文字工具" T输入文本，然后选择合适的字体和大小，设置"字间距"为350、颜色为（R:165，G:165，B:165），如图5-49所示。

图5-46

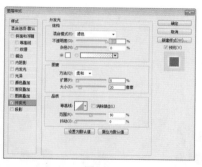

图5-47   图5-48   图5-49

⑩ 使用同样的方法再绘制两个对象，如图5-50所示。

⑪ 单击"矩形工具" ，在选项栏中设置"填充"颜色为白色、"描边"颜色为白色、"描边宽度"为8
点，然后在绘图区右侧绘制对象，如图5-51所示。

图5-50   图5-51

⑫ 导入"素材文件>CH05>19.jpg"文件，将其拖曳
到合适的位置，然后按快捷键Ctrl+Alt+G进行盖印，
如图5-52所示。

图5-52

⑬ 单击图层面板下方的"添加图层样式"按钮，选择"色彩平衡"样式，在属性栏中设置"青色 红色"为
-66、"黄色 蓝色"为＋69，如图5-53所示。

⑭ 单击图层面板下方的"添加图
层样式"按钮，选择"色相/饱和
度"样式，在属性栏中设置"色
相"为-7，如图5-54所示。

⑮ 分别选中添加的图层样式图
层，按快捷键Ctrl+Alt+G进行盖
印，如图5-55所示，最终效果如图
5-56所示。

图5-53   图5-54   图5-55

图5-56

5.6 冬季衣物模板设计

- 实例位置：实例文件>CH05>冬季衣物模板设计.psd
- 素材位置：素材文件>CH05>20.jpg~26.jpg、27.png
- 技术掌握：冬季衣物模板的制作技法

本实例是为冬季衣服展示设计的欢迎模板页面，文字运用代表男性和季节的蓝色进行填充，这样的配色可以很好地突出画面的主题，效果如图5-57所示。

图5-57

5.6.1 设计思路指导

第1点：将背景制作具有填充图案，增加画面的质感，不同于纯颜色的平滑。

第2点：绘制不规则形状的图形，盖印上富有冬季画面的图片，让整个区域紧凑且变化丰富。

5.6.2 版式分析

在版式的设计中，将画面分成两个区域，这样的布局可以让画面产生一定的动感，同时增添了版式布局上的丰富性，避免产生单一的印象，如图5-58所示。

图5-58

5.6.3 配色剖析

展示冬天的风景和物品，选取的颜色如图5-59所示。

图5-59

5.6.4 制作步骤

01 启动Photoshop CS6，然后按快捷键Ctrl+N新建一个"冬季衣物模板设计"文件，具体参数设置如图5-60所示。

02 导入"素材文件>CH05>20.jpg"文件，将图像调整到合适的大小，再将其拖曳到合适的位置，并设置图层面板上的"混合模式"的"不透明度"为80%，如图5-61所示。

图5-60   图5-61

03 单击图层面板下方的"添加蒙版"按钮，然后单击"渐变工具" ▣，在选项栏中设置类型为"线性渐变"、"不透明度"为50%，接着在图像的蒙版层上拖曳渐变效果，如图5-62所示，效果如图5-63所示。

04 导入"素材文件>CH05>21.jpg"文件，在图层面板设置"混合模式"为正片叠底，如图5-64所示。

图5-62　　　　　　　　　　图5-63　　　　　　　　　　图5-64

05 使用"横排文字工具" T.在绘图区左下方输入文本，再选择合适的字体和大小，设置"字间距"为-50、颜色为（R:126，G:206，B:244），如图5-65所示。

06 双击文本图层，在"图层样式"中勾选"内阴影"，设置"不透明度"为45、"距离"为3、"大小"为3，如图5-66所示，效果如图5-67所示。

图5-65　　　　　　　　　　图5-66　　　　　　　　　　图5-67

07 单击"多边形工具" ◎.，在选项栏中设置"填充"颜色为（R:238，G:238，B:238）、"边"为3，然后在绘图区绘制对象，如图5-68所示。

08 单击"钢笔工具" ◢.，在选项栏中设置"填充"颜色为白色，然后在绘图区绘制多个对象，如图5-69所示。

图5-68　　　　　　　　　　图5-69

09 导入"素材文件＞CH05＞22.jpg~26.jpg"文件，分别将其拖曳到绘制的不规则图形上，然后分别将图像盖印在图形上，并设置"不透明度"为80%，如图5-70所示。导入"素材文件>CH05>27.png"文件，将其拖曳到合适的位置上，如图5-71所示。

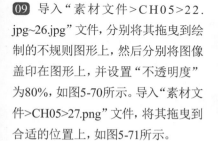

图5-70　　　　　　　　　　图5-71

10 使用"横排文字工具" T.在绘图区下方输入文本，选择合适的字体和大小，设置颜色为白色，如图5-72所示。接着再输入文本，选择合适的字体和大小，设置颜色为（R:243，G:132，B:42），如图5-73所示。

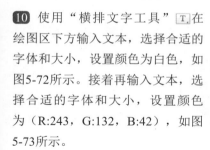

图5-72　　　　　　　　　　图5-73

11 使用"横排文字工具" T 输入段落文本，选择合适的字体和大小，设置颜色为白色，如图5-74所示，最终效果如图5-75所示。

图5-74　　　　　　　　　　　　　图5-75

5.7 活动日欢迎模板设计

- 实例位置：实例文件>CH05>活动日欢迎模板设计.psd
- 素材位置：素材文件>CH05>29.psd、30.psd、32.jpg、31.png、28.png、33.png~39.png
- 技术掌握：活动日欢迎模板的制作技法

本实例是对活动日的欢迎模板进行的设计，其中使用了较为鲜艳的色彩来表现，同时将画面进行合理的分配，通过这些设计让顾客体会到商家的活动内容和活动所营造的喜庆气氛，增加点击率和浏览时间，效果如图5-76所示。

图5-76

5.7.1 设计思路指导

第1点：使用倾斜的字体和波浪素材，表现出画面的不稳定感，烘托出活动中的热闹氛围，制造紧张感。

第2点：以大红色、橙色和紫色为主的搭配，能够表达出"双十二"的喜庆气氛。

第3点：醒目的活动主题文字，将其与商品进行一定比例的排列，有效地传递出宝贝信息。

5.7.2 版式分析

在版式设计的过程中对图片进行合理的布局，并使用适当区域进行留白处理，让画面更加具有活动感，如图5-77所示。

图5-77

5.7.3 配色剖析

展示喜庆的欢迎模块气氛多用于暖色调，选取的颜色如图5-78所示。

图5-78

5.7.4 制作步骤

01 启动Photoshop CS6，然后按快捷键Ctrl+N新建一个"活动日欢迎模板设计"文件，具体参数设置如图5-79所示。

02 设置"前景色"为（R:234，G:13，B:56），然后按快捷键Alt+Delete填充颜色，如图5-80所示。

03 导入"素材文件>CH05>28.png"文件，将素材拖曳到合适的位置，然后在图层面板设置"混合模式"为"柔光"，如图5-81所示。接着导入"素材文件>CH05>29.psd"文件，将素材拖曳到合适的位置，如图5-82所示。

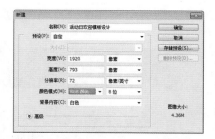

图5-79

图5-80

图5-81

图5-82

04 导入"素材文件>CH05>30.psd"文件，将素材拖曳到顶部，然后双击图层，在"图层样式"中勾选"投影"，设置"不透明度"为37、"距离"为3、"大小"为15，如图5-83所示，效果如图5-84所示。

图5-83

图5-84

05 单击"画笔工具"，然后在选项栏中设置"画笔大小"为36像素、"硬度"为0%，再设置"不透明度"为10%、"流量"为50%，如图5-85所示。接着在素材上进行绘制，如图5-86和图5-87所示。

图5-85

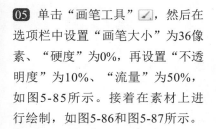

图5-86

图5-87

06 导入"素材文件>CH05>31.png"文件，将素材图层拖曳到绘图区下方，如图5-88所示。然后双击图层，在"图层样式"中勾选"投影"，设置"不透明度"为45、"距离"为0、"扩展"为35、"大小"为15，如图5-89所示，效果如图5-90所示。

图5-88

图5-89

图5-90

07 导入"素材文件>CH05>32.jpg"文件，将素材复制一份并拖曳到合适的位置，然后在图层面板设置"混合模式"为"滤色"，如图5-91所示。

08 分别单击图层面板下方的"添加蒙版"按钮，单击画笔工具在图像的蒙版层上进行涂抹添加蒙版效果，如图5-92所示，效果如图5-93所示。

图5-91

图5-92

图5-93

09 导入"素材文件>CH05>33.png"文件，将素材拖曳到绘图区右侧，按快捷键Ctrl+T旋转合适的角度，如图5-94所示。

图5-94

10 双击图层，在"图层样式"勾选"内阴影"，设置"颜色"为（R:181，G:181，B:181）、"不透明度"为72，如图5-95所示。再勾选"投影"，设置"不透明度"为26，如图5-96所示。设置完成单击"确定"按钮 确定 ，效果如图5-97所示。

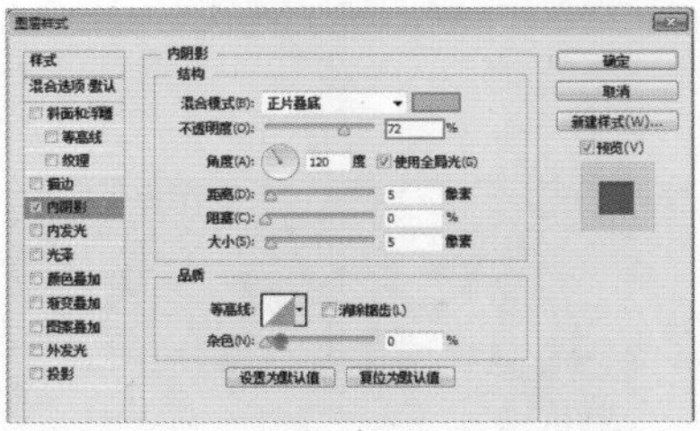

图5-95

图5-96

图5-97

11 使用"横排文字工具" T 输入段落文本，选择合适的字体和大小，设置颜色为（R:255，G:194，B:15），并旋转合适的角度，如图5-98所示。

图5-98

12 双击文本图层，在"图层样式"勾选"内阴影"，设置"不透明度"为34，如图5-99所示。再勾选"投影"，设置"不透明度"为22，如图5-100所示，设置完成单击"确定"按钮 确定 ，效果如图5-101所示。

图5-99

图5-100

图5-101

⑬ 导入"素材文件>CH05>34.png"文件，将素材移动到文本素材下面，在图层面板上设置"混合模式"为"线性减淡"，如图5-102所示。

⑭ 单击图层面板下方的"添加蒙版"按钮，再单击"渐变工具" ，在选项栏中设置类型为"对称渐变"，接着在图像的蒙版层上拖曳渐变效果，如图5-103所示，效果如图5-104所示。

图5-102　　　　　　　　　　图5-103　　　　　　　　　　图5-104

⑮ 导入"素材文件>CH05>35.png"文件，将其拖曳到合适的位置，如图5-105所示。然后执行"滤镜>转换为智能滤镜"菜单命令，接着执行"滤镜>模糊>高斯模糊"菜单命令，设置"半径"为2.0，如图5-106所示，图层面板如图5-107所示。

图5-105　　　　　　　　　　　　　　　　图5-106　　　　　　图5-107

⑯ 导入"素材文件>CH05>36.png~39.png"文件，使用同样的方法将素材添加高斯模糊效果，如图5-108所示。

图5-108

⑰ 单击"钢笔工具" ，在选项栏中设置"填充"颜色为（R:255，G:160，B:43）、"描边"为无，然后在绘图区下方绘制对象，如图5-109所示。接着将图层复制一份，修改"填充"颜色为（R:255，G:194，B:15），最后将图像向左下拖曳，如图5-110所示。

图5-109　　　　　　　　　　　　　　　　　　图5-110

⑱ 单击"椭圆工具" ，在选项栏中设置"填充"颜色为白色，然后按住Shift键在绘图区绘制多个正圆，再选中所有圆形图层，设置"不透明度"为80%，如图5-111所示。

图5-111

⑲ 单击图层面板下方的"添加图层样式"按钮，选择"曲线"样式，在属性栏中设置"输入 输出"为86、66和176、187，如图5-112所示，最终效果如图5-113所示。

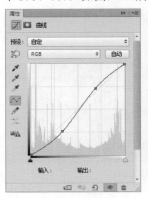

图5-112

图5-113

5.8 课后习题

课后习题	店庆促销活动页面设计

- 实例位置：实例文件>CH05>课后习题 店庆促销活动页面设计.psd
- 素材位置：素材文件>CH05>40.psd
- 技术掌握：店庆促销活动页面的制作技法

本练习制作的是店庆促销活动页面，此页面的重要性仅次于开业促销，因为每年只有一次店庆。店庆促销除了增长销量以外，更多的是回馈老客户吸引新客户，所以店庆促销广告应该更加吸引眼球，效果如图5-114所示。

图5-114

【制作思路】

第1步：填充背景颜色，使用"钢笔工具" ✍ 制作图形，如图5-115所示。

图5-115

第2步：导入素材，将主题添加效果，如图5-116所示。

第3步：使用"横排文字工具" T 完善信息，如图5-117所示。

图5-116
图5-117 

课后习题 新品上市欢迎页面设计

- 实例位置：实例文件>CH05>课后习题 新品上市欢迎页面设计.cdr
- 素材位置：素材文件>CH05>41.png、42.png
- 技术掌握：新品上市欢迎页面的制作技法

本练习制作的是新品上市的欢迎页面。在淘宝网中，为了提高销售量从而提高店铺收益，几乎每一家店铺都会增加新品，所以就会用新品上市类的海报来通知顾客该店铺有上市的新品了，效果如图5-118所示。

图5-118

【制作思路】

第1步：使用图形工具制作背景，然后导入素材图片，如图5-119所示。

图5-119

第2步：使用"横排文字工具" T 完善信息，如图5-120所示。

图5-120

5.9 本课笔记

06

第6课
店铺收藏区设计

收藏区是网店设计中的一部分，它的添加可以提醒顾客对店铺进行及时的收藏，以便下次再次访问，是增加顾客回头率的一项设计。

课堂学习目标

- 收藏区的作用
- 收藏区注意要点
- 收藏区所在位置
- 收藏区的设计

6.1 收藏区的设计要点

收藏区主要显示在网店的首页位置，在很多网商平台的固定区域，都会用统一按钮或者图标对店铺收藏进行提醒，图6-1所示为淘宝网中网店首页"收藏店铺"的置顶位置。但是店家为了提升店铺人气，增加顾客的回头率，往往还会在店铺的其他位置设计和添加收藏区域。

图6-1

店铺收藏就是顾客将感兴趣的店铺添加到收藏夹中，以便再次访问时可以轻松找到相应的商品，在同类店铺中，店铺收藏数量较高的店铺，往往曝光量比其他同行要多。店铺收藏的设计较为灵活，它可以直接设计在店铺的店招中，也可以单独显示在首页的某个区域。网店装饰中，收藏区可以存在网店首页或者详情页面的多个位置。

如图6-2所示，在店铺的店招中添加"收藏店铺"链接。如图6-3所示，在首页底部中添加"收藏店铺"链接。但是这当中的"店铺收藏"并不是一味地乱添加，它的设计也是有讲究的，要与周围的设计元素相互融合，且风格一致。

图6-2   图6-3

6.2 收藏区设计的要求

店铺收藏通常由简单的文字和广告语组成，一般情况下设计的内容较为单一，而有的店家为了吸引顾客的注意，也会将一些宝贝图片、素材图片等添加到其中，达到推销商品和提高收藏量的双重目的，如图6-4所示。为单独设计的收藏区，不仅在其中添加商品的照片，还添加了很多店铺优惠信息。

图6-4

通常情况下，店铺收藏的设计会使用JPEG这种静态的图片来进行表现，除此之外，还可以使用GIF格式的图片，即使用帧动画制作的动态图片，这种闪烁的图片效果可以使其更容易引起顾客的注意，提高网店的收藏数量，如图6-5所示。

图6-5

6.3 古朴收藏区设计

- 实例位置：实例文件>CH06>古朴收藏区设计.psd
- 素材位置：素材文件>CH06>01.jpg~03.jpg、04.png
- 技术掌握：古朴收藏区的制作技法

本实例设计的是古朴的收藏区，使用浅棕和深棕进行颜色搭配，同时将文字竖排，富有新鲜感，效果如图6-6所示。

图6-6

6.3.1 设计思路指导

第1点：使用浅棕和深棕色进行搭配，利用稳重的色彩制造出画面色彩的协调感。

第2点：文字字体、大小和位置的合理设置，让画面显得更加协调、美观，能够使信息得到有效的传达。

6.3.2 版式分析

在版式设计中，利用色彩之间的差异让中间部分更加突出，而大小不同的文字设计，能有效地划分画面，并且突显出主次关系，如图6-7所示。

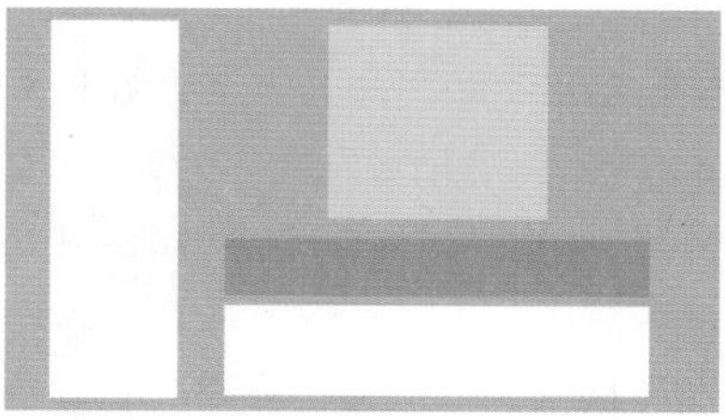

图6-7

6.3.3 配色剖析

古朴的展示风格，选取的颜色如图6-8所示。

图6-8

6.3.4 制作步骤

01 启动Photoshop CS6，然后按快捷键Ctrl+N新建一个"古朴收藏区设计"文件，具体参数设置如图6-9所示。

02 设置"前景色"颜色为（R: 232，G:227，B:203），然后按快捷键Ctrl+Alt填充颜色，如图6-10所示。

图6-9

图6-10

03 导入"素材文件>CH06>01. jpg"文件，在图层面板设置"混合模式"为"正片叠底"、"不透明度"为50%，如图6-11所示，效果如图6-12所示。

图6-11

图6-12

04 新建一个图层，将其填充颜色为白色，设置"不透明度"为30%，如图6-13所示。导入"素材文件>CH06>02.jpg"文件，在图层面板设置"不透明度"为65%，如图6-14所示。

图6-13

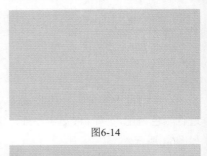

图6-14

05 导入"素材文件>CH06>03.jpg"文件，将其拖曳到绘图区右侧，如图6-15所示。然后在图层面板设置"混合模式"为"滤色"、"不透明度"为35%，如图6-16所示。

图6-15

图6-16

06 单击图层面板下方的"添加蒙版"按钮，再单击"渐变工具" ，在选项栏中设置类型为"线性渐变"，接着在图像的蒙版层上拖曳渐变效果，如图6-17所示。

图6-17

07 单击"矩形工具" ，在选项栏中设置"填充"为白色、"描边"为（R:128，G:111，B:109）、"描边宽度"为2点，如图6-18所示。然后在绘图区绘制对象，接着在图层面板设置"不透明度"为60%，如图6-19所示。

08 使用"横排文字工具" 在矩形中输入文本，设置合适的字体类型、大小和颜色，如图6-20所示。然后使用"横排文字工具" 输入文本，设置合适的字体类型、大小和颜色，如图6-21所示。

图6-18

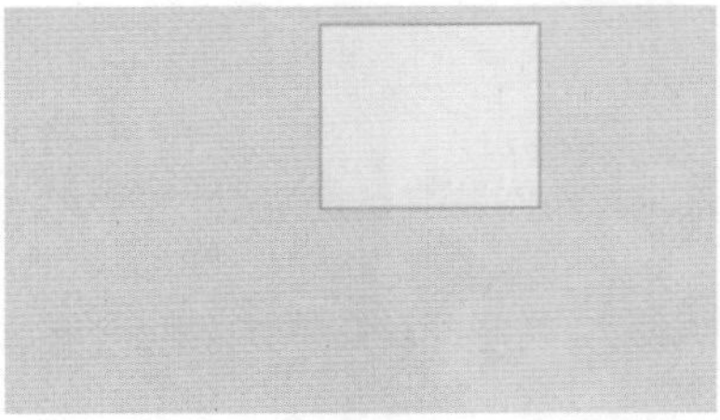

图6-19

图6-20

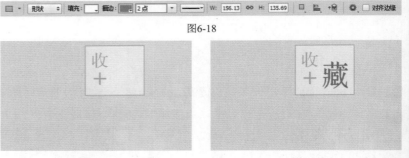

图6-21

09 导入"素材文件>CH06>04.png"文件，将图像拖曳到绘图区下方，再设置图层"填充"为80%，如图6-22所示。使用"钢笔工具" 沿着素材绘制路径，如图6-23所示。

10 使用"横排文字工具" 在路径上输入文本，设置合适的字体类型和大小，并设置"字间距"为200、"颜色"为白色，如图6-24所示。

图6-22

图6-23

图6-24

⑪ 使用"横排文字工具" T 在下方输入文本，设置合适的字体类型、大小和颜色，并单击选项栏中的"居中对齐文本" ▣ 按钮，如图6-25所示。

⑫ 使用"横排文字工具" T 在绘图区左侧输入文本，设置合适的字体类型、大小和颜色，并单击选项栏中的"切换文本取向" ▣ 按钮，如图6-26所示，效果如图6-27所示。

图6-25

图6-26

图6-27

6.4 简洁收藏区设计

- 实例位置：实例文件>CH06>简洁收藏区设计.psd
- 素材位置：无
- 技术掌握：简洁收藏区的制作技法

本实例设计的是简洁的收藏区，给顾客简洁明了的直观感受，效果如图6-28所示。

6.4.1 设计思路指导

第1点：以简单的圆形和竖条作为底，简单大方。

第2点：使用不同笔画大小和不同风格的字体来突显出画面中不同类别的信息，让画面中文字的主次更加清晰。

图6-28

6.4.2 版式分析

在版式中用简单的圆形放在画面的中心，把优惠信息排放在画面的下方位置，显得主次分明，如图6-29所示。

6.4.3 配色剖析

简洁的风格展示，选取的颜色如图6-30所示。

图6-29

图6-30

6.4.4 制作步骤

① 启动Photoshop CS6，然后按快捷键Ctrl+N新建一个"简约收藏区设计"文件，具体参数设置如图6-31所示。

② 单击"矩形工具" ▣，在选项栏中设置"填充"颜色为（R:116，G:190，B:227），然后在绘图区绘制对象，如图6-32所示。接着按快捷键Ctrl+T，旋转角度45°，如图6-33所示。

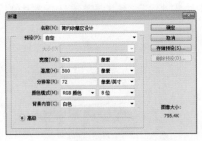

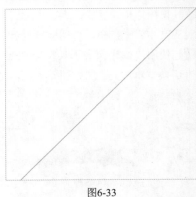

图6-31 　　　　　　　　　　图6-32 　　　　　　　　　　图6-33

03 将绘制的图形按住Alt键移动并复制多份，然后选中所有图形图层，按快捷键Ctrl+E进行合并，如图6-34所示。

04 单击"椭圆工具" ，在选项栏中设置"填充"为白色、"描边"为（R:116，G:190，B:227）、"描边宽度"为3点，如图6-35所示。然后按住Shift键在绘图区中心绘制正圆，效果如图6-36所示。

图6-35

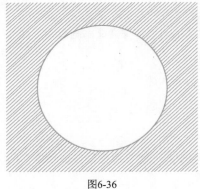

05 选中圆形图层，然后将图层复制一份，按快捷键Ctrl+T进行缩放，接着将其调整到合适的大小和位置，按Enter键确认，如图6-37所示。

图6-34

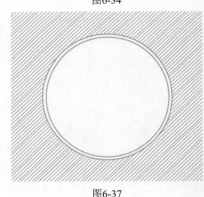

图6-36 　　　　　　　　　　图6-37

06 使用"横排文字工具" 在绘图区输入文本，设置合适的字体类型、大小和颜色，如图6-38所示。然后单击"矩形工具" ，设置"填充"为黑色、"描边"为无，接着在文本下方绘制对象，如图6-39所示。

图6-38 　　　　　　　　　　图6-39

07 使用"横排文字工具" 在绘图区输入文本，设置合适的字体类型、大小和颜色，如图6-40和图6-41所示。然后单击"矩形工具" ，设置"填充"为（R:201，G:201，B:201）、"描边"为无，接着在文本下方绘制对象，如图6-42所示。

图6-40   图6-41   图6-42

08 单击"多边形工具"，设置"填充"为（R:65，G:59，B:63）、"描边"为无、"边"为3，接着在文本右方绘制对象，如图6-43所示。

09 单击"矩形工具"，设置"填充"为黑色、"描边"为无，然后在文本下方绘制对象，如图6-44所示。接着使用"横排文字工具"在矩形中输入文本，设置合适的字体类型和大小，再设置"字间距"为200、"颜色"为白色，最终效果如图6-45所示。

图6-43   图6-44   图6-45

6.5 收藏区添加优惠券设计

- 实例位置：实例文件>CH06>收藏区添加优惠券设计.psd
- 素材位置：素材文件>CH06>05.jpg、06.psd、07.psd
- 技术掌握：收藏区添加优惠券的制作技法

本实例是在对店招设计有一定的了解之后，利用收藏区添加优惠券的设计，效果如图6-46所示。

图6-46

6.5.1 设计思路指导

第1点：画面的背景使用深色，表现出一定的空间感，也让画面的质感和内容更加丰富，显得和谐、上档次。

第2点：使用奇特风格的字体展现画面中不同类别的信息，让画面中文字的主次关系更加清晰。

6.5.2 版式分析

在版式中，使用圆形整齐地进行排列，显得极具节奏感，如图6-47所示。

图6-47

6.5.3 配色剖析

展示空间感的搭配，选取的颜色如图6-48所示。

图6-48

6.5.4 制作步骤

01 启动Photoshop CS6，然后按快捷键Ctrl+N新建一个"收藏区添加优惠券设计"文件，具体参数设置如图6-49所示。

02 设置"前景色"颜色为（R:97，G:64，B:45），然后按快捷键Ctrl+Alt填充颜色，如图6-50所示。

图6-49

图6-50

03 导入"素材文件>CH06>05.jpg"文件，将其拖曳到合适的位置，如图6-51所示。在图层面板设置"混合模式"为"滤色"、"不透明度"为50%、"填充"为50%，如图6-52所示，效果如图6-53所示。

图6-51

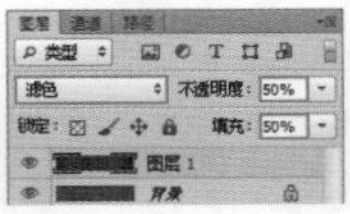

图6-52

图6-53

04 单击"矩形工具" ▣，然后在选项栏中设置"填充"为"渐变效果"，颜色从（R:243，G:243，B:193）到（R:172，G:155，B:121）、"类型"为对称的、"角度"为0，如图6-54所示。接着在绘图区绘制对象，效果如图6-55所示。

05 导入"素材文件>CH06>06.psd"文件，将其拖曳到合适的位置，在图层面板上设置"不透明度"为70%，如图6-56所示。

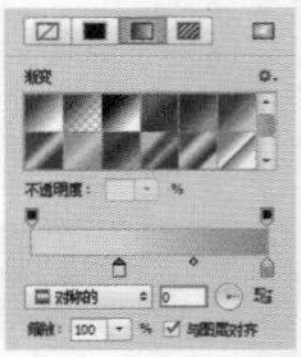

图6-54

图6-55

图6-56

06 导入"素材文件>CH06>07.psd"文件，将其拖曳到合适的位置，在图层面板上设置"不透明度"为30%，如图6-57所示。双击素材图层，在"图层样式"中勾选"外发光"，设置"颜色"为白色、"大小"为43，如图6-58所示，效果如图6-59所示。

图6-57

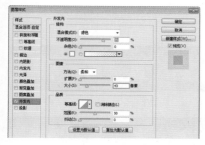

图6-58

图6-59

07 复制一份素材，然后将其拖曳到绘图区左下角位置，调整至合适的大小，接着在图层面板上设置"不透明度"为20%，如图6-60所示。

图6-60

08 使用"横排文字工具" ![T]在绘图区左侧输入文本，然后设置合适的字体类型和大小，再设置"颜色"为（R:224，G:69，B:15），接着旋转合适的角度，如图6-61所示。双击文本图层，在"图层样式"勾选"描边"，设置"大小"为1、"位置"为"居中"、"颜色"为（R:243，G:243，B:193），如图6-62所示，效果如图6-63所示。

图6-61

图6-62

图6-63

09 使用"椭圆工具" ![o]按住Shift键绘制正圆，在选项栏中设置"填充"颜色为（R:224，G:69，B:15），如图6-64所示。

图6-64

10 使用"椭圆工具" ![o]按住Shift键绘制正圆，在选项栏中设置"填充"为无、"描边"颜色为（R:243，G:243，B:193）、"描边宽度"为2.5点，如图6-65所示，效果如图6-66所示。

图6-65

图6-66

11 单击图层面板下方的"添加蒙版"按钮，然后单击"矩形选框工具" ![口]，接着在图像的蒙版层上框选出多余的地方进行擦除，如图6-67所示，接着选中绘制的圆形图层，将其复制多份。

图6-67

12 使用"横排文字工具" ![T]在圆形中输入文本，设置合适的字体类型和大小，再设置"颜色"为（R:243，G:243，B:193）和白色，如图6-68和图6-69所示。

图6-68

图6-69

13 使用"矩形工具" ▣ 绘制对象，设置"填充"颜色为（R:243，G:243，B:193），如图6-70所示。使用同样的方法在其他圆形内输入文本，如图6-71所示。

图6-70

图6-71

14 使用"横排文字工具" T 输入文本，设置合适的字体类型、大小和颜色，最终效果如图6-72所示。

图6-72

6.6 卡通收藏区设计

- 实例位置：实例文件>CH06>卡通收藏区设计.psd
- 素材位置：素材文件>CH06>08.png~11.png
- 技术掌握：卡通收藏区的制作技法

本实例设计的是店铺的收藏区，在设计中使用了大量可爱的字体和俏皮可爱的卡通人物，更好地拉近顾客的距离，显得亲近和自然，效果如图6-73所示。

6.6.1 设计思路指导

第1点：画面中使用了多种色彩丰富、纯度高和明度适中的色彩，营造出鲜艳、活泼的视觉效果，给人带来愉悦的心情。

第2点：使用外形稚拙的字体，与卡通素材风格一致，营造出一种童趣、天真的氛围，提升画面的亲和力。

图6-73

6.6.2 版式分析

在版式设计中，将画面分成两个区域，使用不规则的图形，使画面充满童趣，易于顾客接受，如图6-74所示。

6.6.3 配色剖析

卡通风格的童趣展示，选取的颜色如图6-75所示。

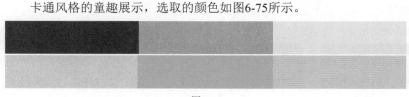

图6-75

图6-74

6.6.4 制作步骤

01 启动Photoshop CS6，然后按快捷键Ctrl+N新建一个"卡通收藏区设计"文件，具体参数设置如图6-76所示。

02 设置"前景色"颜色为（R:249，G:236，B:241），然后按快捷键Ctrl+Alt填充颜色，如图6-77所示。

03 单击"圆角矩形工具" ■，在选项栏中设置"填充"颜色为（R:212，G:236，B:243）、"描边"为无、
"半径"宽度为8像素，然后在矩
形内绘制对象，如图6-78所示。

图6-76　　　　　　　　　　图6-77　　　　　　　　　　图6-78

04 单击"圆角矩形工具" ■，在选项栏中设置"填充"颜色为（R:171，G:220，B:235）、"描边"为无、
"半径"宽度为8像素，然后在圆角矩形内绘制对象，如图6-79所示。

05 使用"矩形工具" ■绘制对象，在选项栏中设置"填充"颜色为（R:212，G:236，B:243）、"描边"为
无，然后在矩形内绘制两条矩形，如图6-80所示。

06 单击"钢笔工具" ，在选项栏中设置"填充"颜色为（R:，G:，B:）、"描边"为无，然后在矩形上绘
制多个对象，如图6-81所示。

图6-79　　　　　　　　　　图6-80　　　　　　　　　　图6-81

07 选中图层，双击图层，添加"投影"的"图层样式"，然后单击鼠标右键将图层转化为"栅格化图层"，
如图6-82所示。

08 使用同样的方法绘制另一半对象，如图6-83所示，然后将绘制的图层移动到下方，如图6-84所示。

图6-82　　　　　　　　　　图6-83　　　　　　　　　　图6-84

09 使用"横排文字工具" T.输入文本，设置合适的字体类型和大小，再设置颜色为白色，如图6-85所示。

10 单击"钢笔工具" ，在选项栏中设置"填充"颜色为（R:0，G:53，B:103）、"描边"为无，然后绘制对象，如图6-86所示。接着将绘制的图层复制一份，在选项栏中修改"填充"颜色为（R:245，G:120，B:19），最后将图层移动到下层，如图6-87所示。

图6-85

图6-86

图6-87

11 使用"横排文字工具" T.输入文本，设置合适的字体类型和大小，再设置颜色为白色，如图6-88所示。

12 单击"多边形工具" ，在选项栏中设置"填充"颜色为（R:240，G:177，B:106）、"描边"为无，然后绘制对象，如图6-89所示。接着将对象复制多份，再按快捷键Ctrl+T分别将对象的大小和方向进行调整，如图6-90所示。

图6-88

图6-89

图6-90

13 单击"多边形工具" ，在选项栏中设置"填充"颜色为（R:240，G:177，B:106）、"描边"为无，然后绘制多份大小和方向不一的对象，如图6-91所示。

14 导入"素材文件>CH06>08.png"文件，将其拖曳到合适的位置，如图6-92所示。双击图层，在"图层样式"勾选"投影"，设置"颜色"为（R:84，G:9，B:14）、"距离"为6、"大小"为9，如图6-93所示。

图6-91

图6-92

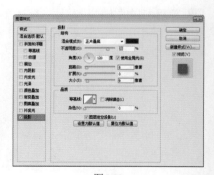
图6-93

⑮ 导入"素材文件>CH06>09.png"文件，然后拖曳绘图区右下角，使用同样的方法添加投影效果，接着将对象复制一份，将其拖曳到绘图区左上角，并旋转合适的角度，如图6-94所示。

⑯ 导入"素材文件>CH06>10.png"文件，将其拖曳到合适的位置，在图层面板设置"不透明度"为60%，如图6-95所示。

⑰ 导入"素材文件>CH06>11.png"文件，然后将对象复制多份，并将其调整到合适的大小和位置，最终效果如图6-96所示。

图6-94

图6-95

图6-96

6.7 新品上市收藏区设计

- 实例位置：实例文件>CH06>新品上市收藏区设计.psd
- 素材位置：素材文件>CH06>12.jpg
- 技术掌握：新品上市收藏区的制作技法

本实例简单地在风景图像上绘制新品收藏区，效果如图6-97所示。

6.7.1 设计思路指导

第1点：整个画面的色彩以背景图像中的色彩为基调，明亮的色彩让整个画面显得清新、自然。

第2点：纤细的收藏区字体让画面表现出精致感，将信息重点突显出来。

6.7.2 版式分析

在版式设计中，画面简单地用矩形设计，对视觉有集中的效果，合理的文字和分布，让画面中的信息表现得更加合理，给人一种视觉上的舒适感，如图6-98所示。

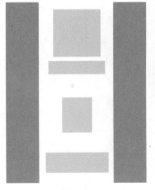
图6-98

图6-97

6.7.3 配色剖析

清新感风格展示，选
取的颜色如图6-99所示。

图6-99

6.7.4 制作步骤

01 启动Photoshop CS6，然后按快捷键Ctrl+N新建一个"新品上市收藏
区"文件，具体参数设置如图6-100所示。

02 导入"素材文件>CH06>12.jpg"文件，将图像拖曳到合适的位置，
然后在图层面板设置"填充"为75%，如图6-101所示。

03 单击"矩形工具" ，在选项栏中设置"填充"颜色为白色、"描
边"为无，然后在绘图区绘制矩形，如图6-102所示。接着单击图层面板
下方的"添加蒙版"按钮，再单击"渐变工具" ，在选项栏中设置类
型为"线性渐变"，最后在图像的蒙版层上拖曳渐变效果，如图6-103所示，效果如图6-104所示。

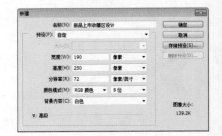

图6-100

图6-101　　　　　　　　图6-102　　　　　　　　图6-103　　　　　　　　图6-104

04 使用"横排文字工具" 在图形上方输入文本，设置合适的字体类型和大小，再设置颜色为（R:56，
G:192，B:192），如图6-105所示。

05 使用"椭圆工具" 按住Shift键在文本上绘制正圆，在选项栏中设置"填充"为无、"描边"为（R:56，
G:192，B:192）、"描边
宽度"为2.5点，如图6-106
所示。然后单击图层面
板下方的"添加蒙版"按
钮，接着在图像的蒙版层
将多余的部分擦除，如图
6-107所示。

图6-105　　　　　　　　图6-106　　　　　　　　图6-107

06 单击"矩形工具" 🔲 ，在选项栏中设置"填充"颜色为（R:56，G:192，B:192）、"描边"为无，然后在绘图区绘制矩形，如图6-108所示。

07 使用"横排文字工具" 🔲 在矩形上输入文本，然后设置合适的字体类型和大小，再设置颜色为白色，如图6-109所示。接着双击文本图层，在"图层样式"勾选"内阴影"，设置"不透明度"为50%、"距离"为1，如图6-110所示。最后单击"确定" 🔳 按钮，效果如图6-111所示。

图6-108

图6-109

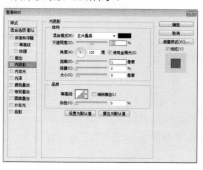
图6-110

图6-111

08 使用"横排文字工具" 🔲 在矩形上输入文本，然后设置合适的字体类型和大小，再设置颜色为（R:56，G:192，B:192），如图6-112和图6-113所示。

09 单击"矩形工具" 🔲 ，在选项栏中设置"填充"颜色为（R:201，G:201，B:201）、"描边"为无，然后在文本间绘制两条矩形，如图6-114所示。

图6-112

图6-113

图6-114

6.8 课后习题

课后习题	文字类收藏区

- 实例位置：实例文件>CH06>课后习题 文字类收藏区.psd
- 素材位置：无
- 技术掌握：文字类收藏区制作技法

　　本练习制作的是简单的文字类收藏区，让顾客一目了然，效果如图6-115所示。

图6-115

【制作思路】

第1步：使用"矩形工具"  绘制对象，然后调整图形的方向和颜色，如图6-116所示。

第2步：输入文本，完善标志，如图6-117所示。

图6-116　　　　　　　　　　　　　图6-117

课后习题　收藏图标设计

- 实例位置：实例文件>CH06>课后习题 收藏图标设计.psd
- 素材位置：无
- 技术掌握：收藏图标的制作技法

本练习制作的是简单的收藏图标，效果如图6-118所示。

【制作思路】

第1步：使用"椭圆工具"  绘制对象，然后使用剪切蒙版擦除多余的部分，如图6-119所示。

第2步：输入文本，完善标志，如图6-120所示。

图6-118　　　　　　　图6-119　　　　　　　图6-120

6.9　本课笔记

07

第7课
淘宝客服区设计

网店的客服与实体店铺中的售货员功能是一样的，都是为顾客答疑解惑，不同的是网店的客服是通过聊天软件与顾客进行交流的。那么，设计成什么样子的客服区、放在哪个位置，才能提升顾客咨询的兴趣呢？

课堂学习目标

- 客服区位置
- 客服图标尺寸
- 客服区设计原则
- 客服区的设计绘制

7.1 客服区的设计要点

网店客服是网店的一种服务形式，利用网络和网商聊天软件，给客户提供解答和售后等服务，称为网店客服。目前网店客服主要是针对淘宝网、凡客和唯品会等网购系统。如淘宝网，网店客服就是阿里软件提供给淘宝掌柜的在线客户服务系统，旨在让淘宝店家更高效地管理网店、及时把握商机消息，从容应对繁忙的生意，如图7-1所示。

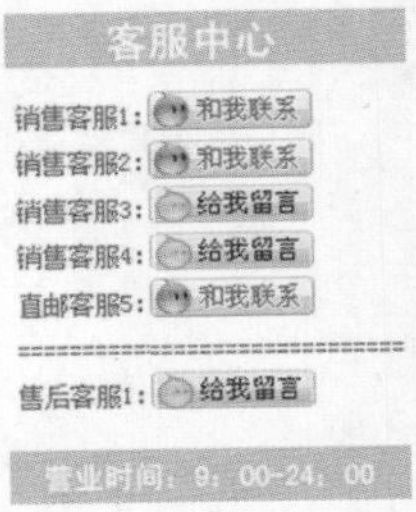

网店的客服区会存在于网店首页的多个区域，如图7-2~图7-4所示。此外，网商平台都会在网店首页的最顶端统一定制客服的联系图标，便于对顾客形成固定的思维。当然，很多专业的网店，为了突显出店铺的专业性，在首页的多个区域都会添加客服，以便顾客可以及时联系工作人员。

图7-1

图7-2

图7-3

图7-4

将客服区与质保、服务信息组合在一起，也能突显店铺的品质，如图7-5和图7-6所示。

图7-5

图7-6

7.2 客服区的尺寸规范

在设计网店客服区的时候，对于聊天软件的图标尺寸是有具体要求的。以淘宝网中的旺旺头像为例，使用单个旺旺的图标作为客服的链接，那么旺旺图标的尺寸宽度为16像素、高度为16像素，如图7-7所示；如果要使用"和我联系"或者"手机在线"字样的旺旺图标，图标的尺寸宽度为77像素、高度为19像素，如图7-8所示。制作的过程中一定要以规范的尺寸来进行创作。

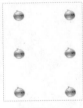
图7-7

图7-8

7.3 侧边栏客服区设计

- 实例位置：实例文件>CH07>侧边栏客服区设计.psd
- 素材位置：素材文件>CH07>01.png
- 技术掌握：侧边栏客服区的制作方法

本实例设计的是店铺中的侧边栏的客服区，受侧边栏的尺寸的限制，在设计的时候会有很多的限制，所以只能通过简单的修饰来完成创作，效果如图7-9所示。

7.3.1 设计思路指导

第1点：鉴于侧边栏的尺寸考虑，在设计中都对画面进行了横向的分割，使其有一定的层次感。

第2点：设计的过程中，为了体现出客服区的亲切感和功能性，为画面添加了电话、

图7-9

丝带等修饰的形状，点缀整个画面。

第3点：旺旺头像的颜色为蓝色，为了使画面和谐，在设计中也使用了与之同色系的天蓝色进行搭配，但又重点突出了旺旺头像，便于顾客一目了然，当然在具体的设计中，要根据店铺整体配色来进行搭配。

7.3.2 版式分析

实例中的版式布局中，使用了横向分割的方式来对侧边栏的客服区进行布置，给人以总、分、总的信息表现感觉，便于顾客直观地寻找到需要的内容，也提升了版式布局的工整性，再将客服的图标置于版式的中间，使顾客操作更加方便，如图7-10所示。

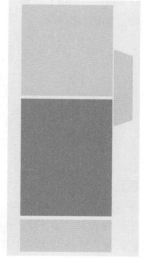

7.3.3 配色剖析

制作清爽简单的版式风格，选取的颜色如图7-11所示。

图7-11

图7-10

7.3.4 制作步骤

01 启动Photoshop CS6，然后按快捷键Ctrl+N新建一个"侧边栏客服区设计"文件，具体参数设置如图7-12所示。

02 单击"矩形工具" ▣，然后设置"填充"为"无"、"描边"为（R:299，G:299，B:299），接着在画面中绘制一个矩形，如图7-13所示。

03 使用"矩形工具" ▣绘制一个矩形，在选项栏中设置"填充"为"渐变效果"，颜色从（R:209，G:207，B:207）到白色、"角度"为91，其他设置如图7-14所示，效果如图7-15所示。

04 使用"钢笔工具" ▨在矩形内
绘制两条线段，如图7-16所示。

图7-12　　　　　　　图7-13　　　　　　图7-14　　　　　　图7-15　　　　　　图7-16

05 使用"钢笔工具" ▨在矩形右侧绘制对象，在选项栏中设置"填充"为"渐变效果"，颜色从（R:219，G:218，B:218）到白色、"角度"为90，如图7-17所示，效果如图7-18所示。

06 单击"自定形状工具" ▨，然后在选项栏中设置"填充"为（R:126，G:206，B:244）、"描边"为"无"，接着在"形状"的下拉栏中选择"蜗牛"形状，再按住Shift键在绘图区绘制图形，如图7-19所示。

07 使用"横排文字工具" T 在蜗牛图形下方输入文本，在选项栏中设置"字体大小"为20点、文本颜色为（R:126，G:206，B:244），再选择合适的字体类型，如图7-20所示。

图7-17

图7-18

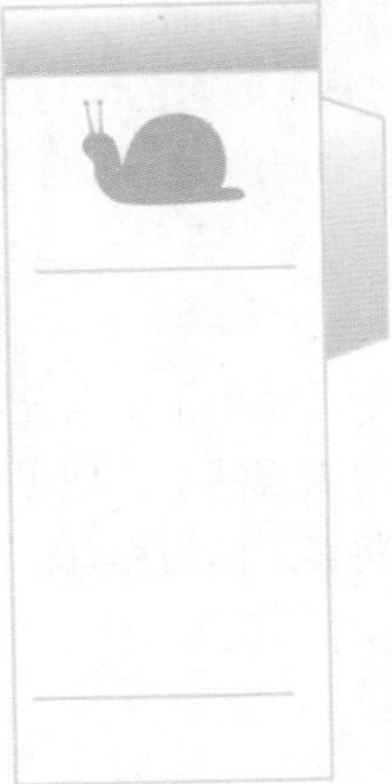

图7-19

图7-20

08 导入"素材文件>CH07>01.png"文件，按快捷键Ctrl+T调整图片的大小，然后将其移动到合适的位置，如图7-21所示。

09 将素材按快捷键Ctrl+J复制六份，然后调整图像的位置和大小，如图7-22所示。

10 使用"横排文字工具" T 分别在图标右侧输入文本，在选项栏中设置"字体类型"为"黑体"、"字体大小"为16点、文本颜色为（R:126，G:206，B:244），如图7-23所示。

11 单击"钢笔工具" 绘制对象，然后设置"填充"为（R:126，G:206，B:244）、"描边"为"无"，如图7-24所示。

图7-21

图7-22

图7-23

图7-24

12 单击"钢笔工具" 绘制对象，然后在选项栏中设置"填充"为（R:51，G:141，B:251），如图7-25所示。

13 使用"横排文字工具" T 在合适的位置输入文本，然后单击选项栏上的"切换字符和段落面板"按钮 ，再设置"字体类型"为"黑体"、"字体大小"为23点、"字间距"为50、文本颜色为白色，如图7-26所示。最后调整文本角度，效果如图7-27所示。

图7-25

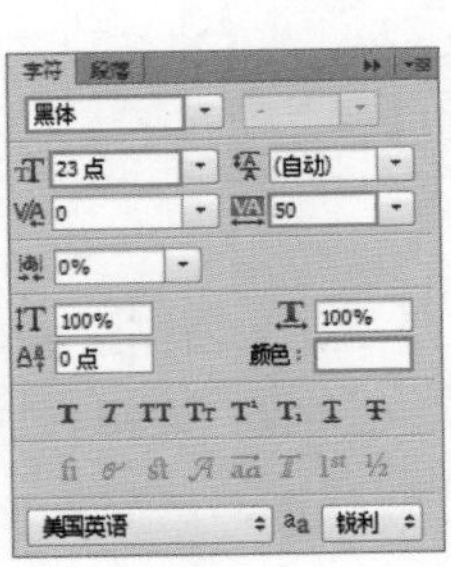

图7-26

图7-27

14 单击"自定形状工具" 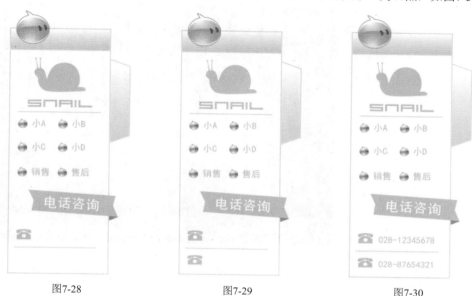，然后设置"绘图模式"为形状、"填充"为（R:126，G:206，B:244）、"描边"为"无"，接着在"形状"的下拉栏中选择"电话"形状，在画面中绘制图形，如图7-28所示。

15 将电话复制一份，将其水平向下移动，如图7-29所示。

16 使用"横排文字工具" T 分别在电话图形后方输入文本，设置"字体大小"为16点，如图7-30所示。

图7-28   图7-29   图7-30

17 使用"横排文字工具" T 在合适的位置输入文本，设置"字体大小"为20点，如图7-31所示。

18 使用"横排文字工具" T 在合适的位置输入文本，然后单击"切换文本取向"按钮，再单击"切换字符和段落面板"按钮，设置"字体类型"为"黑体"、"字体大小"为16点、"字间距"为500、文本颜色为（R:126，G:206，B:244），如图7-32所示，效果如图7-33所示。

19 单击"多边形工具" ，在选项栏中设置"边"为3，在合适的位置绘制对象，最终效果如图7-34所示。

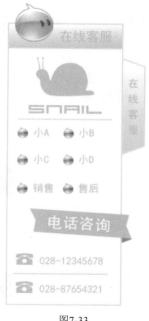

图7-31   图7-32   图7-33   图7-34

7.4 简洁型客服区设计

- 实例位置：实例文件>CH07>简洁型客服区设计.psd
- 素材位置：素材文件>CH07>02.jpg、03.png、04.jpg
- 技术掌握：简洁型客服区的制作方法

　　简洁型的客服区是在淘宝店铺当中最常见的类型，仅仅就是由简单的文字和图片构成。这种类型的优势在于简洁明了，没有多余的修饰，给顾客清爽的购物体验，效果如图7-35所示。

图7-35

7.4.1 设计思路指导

　　第1点：把模特图片安排在画面中，参考图片的色彩对文字和修饰元素的色彩进行搭配，整个画面的色彩浓度都偏低。

　　第2点：将二维码、客服和商品分类以横向的方式整齐地排列在一起，显得工整、一目了然，有助于提升易读性。

7.4.2 版式分析

　　在版式设计中，使用了左右大致对称的方式，整体给人的感觉非常工整。左侧的模特图像与右侧的二维码、客服及专区整齐地进行排列完美组合，整个版面显得饱满而丰富。版面底端通过对信息进行三等分，能够直观地为顾客传递出相关的信息，提升店铺的专业性和信赖度，如图7-36所示。

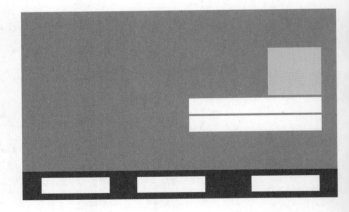

图7-36

7.4.3 配色剖析

　　以素材的颜色为主，选取的颜色如图7-37所示。

图7-37

7.4.4 制作步骤

01 启动Photoshop CS6，然后按快捷键Ctrl+N新建一个"简洁型客服区设计"文件，具体参数设置如图7-38所示。

02 导入"素材文件>CH07>02.jpg"文件，将图像拖曳到合适的位置，如图7-39所示。

03 使用"横排文字工具" T.在绘图区上输入文本，设置合适的字体类型和大小，再设置"颜色"为白色，导入"素材文件>CH07>03.png"文件，将对象拖曳到文本右侧，如图7-40所示。

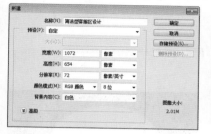

图7-38

图7-39

图7-40

04 将绘制的对象复制几份，再水平向右拖曳，如图7-41所示。

05 单击"圆角矩形工具" ◉，然后在选项栏中设置"填充"颜色为无、"描边"颜色为灰色、"描边宽度"为1.5点、"半径"为5像素，接着在绘图区绘制圆角矩形，如图7-42所示。

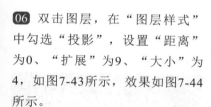

图7-41

图7-42

06 双击图层，在"图层样式"中勾选"投影"，设置"距离"为0、"扩展"为9、"大小"为4，如图7-43所示，效果如图7-44所示。

图7-43

图7-44

07 使用"横排文字工具" T.在绘图区上输入文本，设置合适的字体类型和大小，再设置"颜色"为白色，如图7-45所示。将绘制的对象复制几份，再水平向右进行拖曳，如图7-46所示。

图7-45

图7-46

08 导入"素材文件>CH07>04.png"文件，将其拖曳到合适的位置，如图7-47所示。然后使用"横排文字工具" T.在绘图区上输入文本，设置合适的字体类型和大小，再设置"颜色"为白色，接着单击"切换文本取向"按钮 ⊞，如图7-48所示。

09 单击"矩形工具" ▣，在选项栏中设置"填充"颜色为白色、"描边"为无，然后在绘图区下方绘制矩形，如图7-49所示。

图7-47

图7-48

图7-49

⑩ 单击"钢笔工具" ⌀，在选项栏中设置"填充"为白色、"描边"为无，然后在合适的位置绘制对象，如图7-50所示。

⑪ 单击"自定形状工具" ⌀，在选项栏中设置"填充"为白色、"描边"为无，再设置"形状"为灯泡2，如图7-51所示。接着在绘图区进行绘制，如图7-52所示。

图7-50

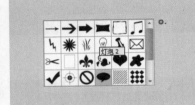
图7-51

图7-52

⑫ 单击"自定形状工具" ⌀，在选项栏中设置"填充"为白色、"描边"为（R:132，G:132，B:132）、"描边宽度"为3.8点，然后在绘图区进行绘制，接着按快捷键Ctrl+T，单击鼠标右键在下拉菜单中选择"水平翻转"进行调整，如图7-53所示。

⑬ 单击"椭圆工具" ⌀，在选项栏中设置"填充"为（R:132，G:132，B:132）、"描边"为无、然后按住Shift键在对象中绘制正圆，接着将正圆复制两份，拖曳到合适的位置，如图7-54所示。

⑭ 单击"圆角矩形工具" ⌀，然后在选项栏中设置"填充"颜色为白色、"描边"为无、"半径"为5像素，接着在绘图区绘制圆角矩形，如图7-55所示。

图7-53

图7-54

图7-55

⑮ 使用"矩形工具" ▢在圆角矩形上绘制对象，如图7-56所示。然后单击"椭圆工具" ⌀，在选项栏中设置"填充"为无、"描边"为（R:132，G:132，B:132）、"描边宽度"为4.83点，接着按住Shift键绘制正圆，如图7-57所示。

图7-56

图7-57

16 单击"圆角矩形工具" ▣，在选项栏中设置"填充"颜色为（R:132，G:132，B:132）、"描边"为无，然后在绘图区绘制矩形，如图7-58所示，整体效果如图7-59所示。

图7-58　　　　　　　　　　　　　　　图7-59

17 使用"横排文字工具" ⊤ 在绘图区上输入文本，设置合适的字体类型和大小，再设置"颜色"为白色，如图7-60和图7-61所示。

图7-60　　　　　　　　　　　　　　　图7-61

7.5 图文结合类客服区设计

- 实例位置：实例文件>CH07>图文结合类客服区设计.psd
- 素材位置：素材文件>CH07>05.png~10.png
- 技术掌握：图文结合类客服区的制作方法

　　图文结合类是在这三类客服区中最能吸引眼球的，它多由鲜艳的颜色加夸张的图形设计构成，且能够跟店铺的风格相呼应。这类型的优势在于能很容易引起顾客的注意，从而提高店铺的成交率，效果如图7-62所示。

图7-62

7.5.1 设计思路指导

　　第1点：画面中使用大量的不规则图形，并采用多种新鲜的色彩，给人可爱、亲近的感觉。

　　第2点：上下分割的版式布局让功能划分更加准确。

7.5.2 版式分析

在版式布局中，将画面分为两个区域，上半部分为图像，下半部分为客服，这种标题的分布，让人感到亲近、自然，如图7-63所示。

图7-63

7.5.3 配色剖析

可爱的版式，多运用新鲜的色彩，选取的颜色如图7-64所示。

图7-64

7.5.4 制作步骤

01 启动Photoshop CS6，然后按快捷键Ctrl+N新建一个"图文结合类客服区设计"文件，具体参数设置如图7-65所示。

02 单击"钢笔工具" 　，在选项栏中设置"填充"为（R:235，G:57，B:57）、"描边"为无，然后在绘图区下方绘制对象，如图7-66所示。

图7-65

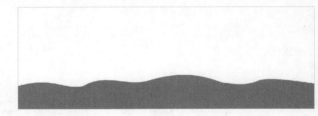

图7-66

03 使用"钢笔工具" 　绘制图形，然后在选项栏中设置"填充"颜色为（R:16，G:180，B:241），如图7-67所示。再绘制图形，修改"填充"颜色为（R:25，G:121，B:156），如图7-68所示。

图7-67

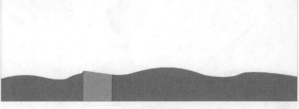

图7-68

04 使用"钢笔工具" 　绘制图形，然后在选项栏中设置"填充"颜色为（R:255，G:219，B:0），如图7-69所示。再绘制图形，修改"填充"颜色为（R:201，G:186，B:24），如图7-70所示。

图7-69

图7-70

05 使用"钢笔工具" ✐绘制图形，然后在选项栏中设置"填充"颜色为（R:69，G:244，B:219），如图7-71所示。再绘制图形，修改"填充"颜色为（R:16，G:168，B:159），如图7-72所示。

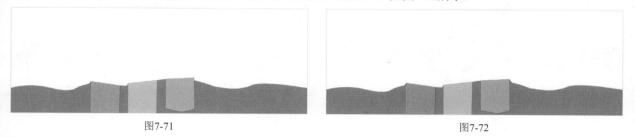

图7-71　　　　　　　　　　　　　　　　　图7-72

06 使用"钢笔工具" ✐绘制图形，然后在选项栏中设置"填充"颜色为（R:254，G:70，B:226），如图7-73所示。再绘制图形，修改"填充"颜色为（R:148，G:5，B:136），如图7-74所示。

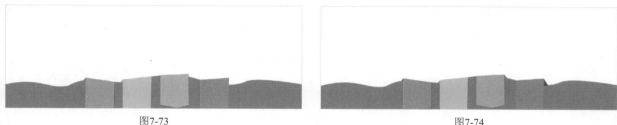

图7-73　　　　　　　　　　　　　　　　　图7-74

07 使用"钢笔工具" ✐在绘图区上方绘制图形，然后在选项栏中设置"填充"颜色为（R:235，G:57，B:57），接着在图层面板中设置"不透明度"为22%，如图7-75所示。

08 使用"选择工具" ⊕选中图层，然后按快捷键Ctrl+J复制图层，接着在图层面板中设置"不透明度"为100%，再按快捷键Ctrl+T将对象进行缩放，如图7-76所示。

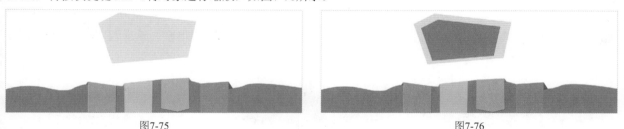

图7-75　　　　　　　　　　　　　　　　　图7-76

09 单击"圆角矩形工具" ▣，在选项栏中设置"填充"颜色为（R:211，G:215，B:217）、"半径"为50，然后在绘图区左上绘制图形，再按快捷键Ctrl+T调整适当的角度，如图7-77所示。

10 完成上述操作后，然后按快捷键Ctrl+J复制2个图层，再使用"选择工具" ⊕分别选中所复制的图层将其移到绘图区合适的位置，如图7-78所示。

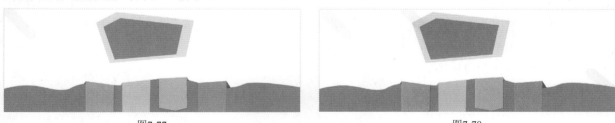

图7-77　　　　　　　　　　　　　　　　　图7-78

11 根据上述绘制圆角矩形的方法，绘制多个大小不一的圆角矩形，然后按快捷键Ctrl+T将对象进行适当的"旋转"，如图7-79所示。

12 完成上述操作后，使用"选择工具" ⊕选中装饰组，将其拖曳至图形下方，如图7-80所示。

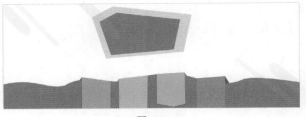

图7-79 图7-80

13 使用"钢笔工具" 在绘图区上方绘制图形，然后在选项栏中设置"填充"颜色为（R:198，G:13，B:13），如图7-81所示。

14 使用"钢笔工具" 绘制图形，然后在选项栏中设置"填充"颜色为（R:235，G:58，B:58），如图7-82所示。

15 选中绘制的两个图层，然后按快捷键Ctrl+J复制图层，接着按快捷键Ctrl+T将对象进行旋转，再将对象进行缩放，最后使用"选择工具" 将调整的对象拖曳到合适位置，如图7-83所示。

图7-81 图7-82 图7-83

16 使用同样的方法再复制一份对象，并将对象进行调整，如图7-84所示。

17 使用"钢笔工具" 在绘图区上方绘制图形，然后在选项栏中设置"填充"颜色为（R:203，G:43，B:43），如图7-85所示。

18 使用"钢笔工具" 在绘图区上方绘制图形，然后在选项栏中设置"填充"颜色为（R:235，G:58，B:58），如图7-86所示。

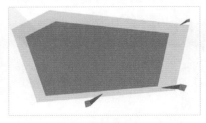  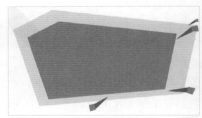

图7-84 图7-85 图7-86

19 使用"钢笔工具" 在绘图区上方绘制图形，然后在选项栏中设置"填充"颜色为（R:198，G:13，B:13），如图7-87所示。接着选中绘制的3个对象的图层，单击图层面板下方的"链接图层"按钮进行链接。

20 使用"选择工具" 选中链接图层，然后按快捷键Ctrl+J复制图层，接着按快捷键Ctrl+T将对象进行旋转，再将对象进行缩放，最后使用"选择工具" 将调整的对象拖曳到合适位置，如图7-88所示。

 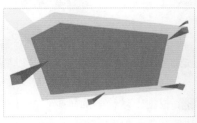

图7-87 图7-88

㉑ 使用同样的方法，将链接图层复制两份，接着分别按快捷键Ctrl+T将对象进行旋转，再将对象进行缩放，最后使用"选择工具" ⊞将调整的对象拖曳到合适位置，如图7-89和图7-90所示。

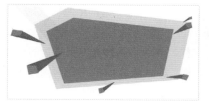
图7-89

图7-90

㉒ 单击"横排文字工具" ⊤输入文本，然后在选项栏中设置"字体"为"微软雅黑"、"字体大小"为84.72点，再设置颜色为（R:255，G:219，B:0），接着使用"选择工具" ⊞选中文本图层将其移到合适的位置，如图7-91所示。

㉓ 按快捷键Ctrl+T出现定界框时单击鼠标右键在下拉菜单中选择"旋转"菜单命令，进行调整，然后按快捷键Ctrl+J复制一份文本，接着隐藏原来的文本图层，如图7-92所示。

㉔ 选中新的文本图层，单击鼠标右键在下拉菜单中选择"格式化文字"菜单命令，然后按快捷键Ctrl+T出现定界框时单击鼠标右键在下拉菜单中选择"透视"菜单命令，将对象进行透视调整，如图7-93所示。

图7-91

图7-92

图7-93

㉕ 使用"横排文字工具" ⊤输入文本，然后在选项栏中设置"字体"为"微软雅黑"、"字体大小"为19.77点，接着按快捷键Ctrl+T出现定界框时单击鼠标右键在下拉菜单中选择"旋转"菜单命令，将对象进行调整，效果如图7-94所示。

㉖ 单击"椭圆工具" ◉，在选项栏中设置"填充"为（R:255，G:219，B:0）、"描边"为无，然后按住Shift键绘制正圆，如图7-95所示。

㉗ 使用"钢笔工具" ✐在绘图区左上方绘制图形，然后在选项栏中设置"填充"颜色为（R:235，G:58，B:58），如图7-96所示。

图7-94

图7-95

图7-96

㉘ 使用"钢笔工具" ✐绘制图形，然后在选项栏中设置"填充"颜色为（R:157，G:22，B:21），如图7-97所示。

㉙ 选中绘制的对象图层，然后按快捷键Ctrl+J复制图层，接着按快捷键Ctrl+T将对象进行旋转，再将对象进行缩放，最后使用"选择工具" ⊞将调整的对象拖曳到合适位置，如图7-98所示。

图7-97

图7-98

30 单击"矩形工具" 🔳，在选项栏中设置"填充"为（R:255，G:219，B:0）、"描边"为无，然后在正圆旁绘制对象，如图7-99所示。

31 导入"素材文件>CH07>05.png"文件，然后将图像拖曳到合适的位置，如图7-100所示。

32 使用"横排文字工具" 🔤 输入文本，然后在选项栏中设置"字体"为"微软雅黑"、"字体大小"为25.87点，再设置颜色为（R:235，G:57，B:57），接着使用"选择工具" 🔩 将文本移动到合适的位置，如图7-101所示。

图7-99

图7-100

图7-101

33 使用"钢笔工具" 🖊 绘制图形，然后在选项栏中设置"填充"颜色为（R:12，G:199，B:170），如图7-102所示。

34 选中绘制的图层，按快捷键Ctrl+J复制一份，然后在选项栏中设置"填充"颜色为（R:6，G:144，B:123），再按快捷键Ctrl+T出现定界框时单击鼠标右键在下拉菜单中选择"水平翻转"菜单命令进行调整，接着将对象向右拖曳，如图7-103所示。

图7-102

图7-103

35 选中绘制的两个图层，然后按快捷键Ctrl+J复制图层，再按快捷键Ctrl+T出现定界框时单击鼠标右键在下拉菜单中选择"水平翻转"菜单命令，接着将图形拖曳到合适的位置，最后将复制的图层移动到原图层下，如图7-104所示。

36 使用"矩形工具" 🔳 绘制矩形，在选项栏中设置"填充"为（R:118，G:72，B:57），然后使用"直线工具" ✏ 在矩形上绘制直线，接着使用"选择工具" 🔩 分别选中图层，将图层移动到合适的位置，如图7-105所示。

图7-104

图7-105

37 选中绘制的所有气球对象，然后单击图层面板下方的"创建新组" 📁 按钮，按快捷键Ctrl+J复制二份组，接着分别按快捷键Ctrl+T将对象进行旋转并缩放，最后使用"选择工具" 🔩 将调整的对象拖曳到合适位置，如图7-106所示。

图7-106

38 单击"直线工具" ✒，然后在选项栏中设置"填充"为（R:6，G:144，B:123）、"粗细"为1像素，在绘图区右上方绘制对象，如图7-107所示。接着将"粗细"修改为7像素，最后在直线上绘制对象，如图7-108所示。

图7-107 图7-108

39 单击"直线工具" ✒，然后在选项栏中设置"填充"为（R:235，G:57，B:57）、"粗细"为3像素，在绘图区合适的位置绘制对象，如图7-109所示。接着将"粗细"修改为7像素，最后在直线上绘制对象，如图7-110所示。

图7-109 图7-110

40 选中绘制的线条，然后单击图层面板下方的"创建新组" ▭ 按钮，按快捷键Ctrl+J复制一份；接着分别按快捷键Ctrl+T出现定界框时单击鼠标右键在下拉菜单栏中选择"旋转180度"菜单命令，最后使用"选择工具" ▶ 选中图层将其拖曳到合适的位置，如图7-111所示。

41 导入"素材文件>CH07>06.png~09.png"文件，然后将图像分别拖曳到合适的位置，如图7-112所示。

图7-111 图7-112

42 双击左边素材图层，然后在弹出的"图层样式"对话框勾选"投影"，设置"不透明度"为75、"角度"为114、"距离"为9、"大小"为5，如图7-113所示，效果如图7-114所示。

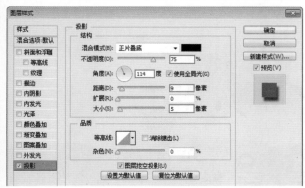

图7-113 图7-114

43 双击第二个素材图层，然后在弹出的"图层样式"对话框勾选"投影"，再设置"不透明度"为75、"角度"为114、"距离"为5、"大小"为5，如图7-115所示。

44 双击第三个素材图层，然后在弹出的"图层样式"对话框勾选"投影"，再设置"不透明度"为75、"角度"为114、"距离"为9、"大小"为5，如图7-116所示。

图7-115　　　　　　　　　　　　　　　图7-116

45 双击右边图层，然后在弹出的"图层样式"对话框勾选"投影"，再设置"不透明度"为75、"角度"为114、"距离"为10、"大小"为5，如图7-117所示。

46 单击"圆角矩形工具"，然后在选项栏中设置"填充"为白色、"描边"为黑色、"描边宽度"为3点，接着在素材上绘制对象，如图7-118所示。

图7-117　　　　　　　　　　　　　　　图7-118

47 选中圆角图层，然后按快捷键Ctrl+J复制3份，再使用"选择工具"分别将其拖曳到合适的位置，如图7-119所示。

48 导入"素材文件>CH07>10.png"文件，然后按快捷键Ctrl+J将素材复制3份，再使用"选择工具"分别将其拖曳到圆角矩形边，如图7-120所示。

图7-119　　　　　　　　　　　　　　　图7-120

49 使用"横排文字工具"分别在圆角矩形内输入文本，然后在选项栏中设置"字体"为"微软雅黑"、"字体大小"为19.77点，再设置"文本颜色"为黑色，最终效果如图7-121所示。

图7-121

7.6 课后习题

课后习题 **文案类客服区设计**

- 实例位置： 实例文件>CH07>课后习题 文案类客服区设计.psd
- 素材位置： 素材文件>CH07>11.png~21.png
- 技术掌握： 文案类客服区制作技法

　　本练习制作的是文案类的客服区。文案类客服区就是图片加文字，并有辅助的说明文字，这类型的客服区的优势就是提供更多的信息，给顾客温暖、人性化的购物体验，效果如图7-122所示。

图7-122

【制作思路】

第1步：使用形状工具绘制图像，再导入素材图片，将其拖曳到合适的位置，如图7-123所示。

第2步：导入客服图像，再使用"横排文字工具" T 输入文本，完善内容，如图7-124所示。

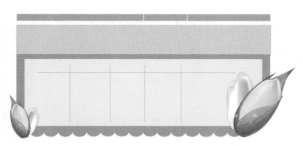

图7-123

图7-124

课后习题 **简洁客服区设计**

- 实例位置： 实例文件>CH07>课后习题 简洁客服区设计.psd
- 素材位置： 素材文件>CH07>22.png
- 技术掌握： 简洁客服区制作技法

　　本练习制作的是简洁型的客服区。这种类型的客服区是在淘宝店铺当中最常见的类型，仅仅由简单的文字和图片构成。这种类型的优势在于简洁明了，没有多余的修饰，给顾客清爽的购物体验，效果如图7-125所示。

图7-125

【制作思路】

第1步：使用形状工具绘制图像，导入淘宝图标，如图7-126所示。
第2步：使用文本工具输入文本，完善客服区内容，如图7-127所示。

图7-126   图7-127

7.7 本课笔记

08

第8课
商品描述页面设计

商品描述页面就是对网店中销售的单个商品的细节进行解释，是买家了解商品信息的重要页面。在这里可以描述商品的各种细节、优势和优惠活动等信息，让顾客了解产品的本身，感受到产品的功效，以此增加店铺的人气，从而带动消费增长。

课堂学习目标

● 商品描述的内容
● 商品描述设计展示
● 描述页的尺寸规范
● 描述页的设计绘制

8.1 商品描述的尺寸规范

一个优秀的商品描述页面，能将产品的卖点最大化地展示出来，最为直接的表现就是延长客户对商品的停留时间，从而提高顾客的购买欲。因为在网络上，消费者看不到实际商品情况，所以卖家只能通过图片、信息内容来展示商品，因此做到详尽而又有吸引力的描述至关重要。

在网店设计的过程中，由于网商平台的不同，所以对于各个区域商品图片尺寸的要求非常严格，不管是首页还是详情页，每个展示的图片都有相应的要求，所以了解商品的图片尺寸的大小显得格外重要。只有图片大小合格，才能让顾客觉得你的店铺看起来很正规和专业。在设计商品描述页面的过程中，我们会对商品的橱窗照和详情页面进行设计，主要分成两部分。

8.1.1 商品橱窗照

商品详情页面中的橱窗照位于商品详情页的最顶端位置，基本的尺寸要求是宽度为310像素、高度为310像素，如图8-1所示。如果宽度和高度大于800像素，那么顾客在单击查看图片时，会使用放大镜功能进行查看。在设计橱窗照的过程中，只要能够将商品清晰、完整地展示出来即可，图片色彩、清晰度是最重要的，也是最基本的设计要求。

图8-1

8.1.2 商品详情页面

商品详情页面是对商品的使用方法、材质、尺寸和细节等方面的内容进行展示。同时，有的店家为了拉动店铺内其他商品的销售，或者提升店铺的品牌形象，还会在商品详情页面中添加搭配套餐、公司简介等信息，以此来树立和创建商品的形象，提升顾客的购买欲望。

商品描述图的宽度是750像素，高度不限，商品详情页面直接影响商品成交的数量，其中的设计内容要根据商品的具体内容来定义，只有图片处理得合理，才能让店铺看起来比较正规，看起来更加专业，这样对顾客才更有吸引力，这也是设计商品详情页面中最基础的要求。如图8-2和图8-3所示，通常会使用标题栏的表现形式对页面中各组信息的内容进行分组，便于顾客阅读和理解，并掌握所需要的商品信息。

图8-2

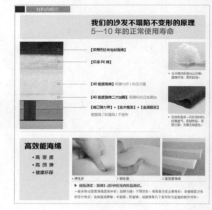

图8-3

8.2 在商品描述中突出卖点的技巧

在网店交易的整个过程中，没有实物、没有营业员、不能口述也不能感受商品的真实感，此时的商品详情页面承担起了推销一个商品的所有工作。整个推销的过程是静态的，没有交流、没有互动，客户在浏览商品的时候也没有现场气氛来烘托购物气氛。因此，客户在这个时候就会变得相对理性。

商品描述页面在重新排列商品细节展示的过程中，只能通过文字和图片，这种静态信息类的沟通方式，就要求卖家在整个商品详情页面的布局中注意一个关键点，那就是阐述逻辑。在进行商品描述页面设计的过程中，会遇到几个问题，商品展示类型、细节展示和产品规格及参数的设计，这些图片的添加和修饰都是有讲究的。

8.2.1 商品图片的展示类型

顾客购买商品最主要看的就是商品展示的部分，需要让顾客对商品有一个直观的感觉，通常这部分是以图片的形式来展现的，分为摆拍图和场景图两种类型。

场景图能够在商品展示的同时，在一定程度上烘托商品的氛围，通常需要较高的成本和一定的拍摄技巧。这种拍摄手法适合有一定经济实力，有能力把控产品的展现尺度的客户，因为场景的引入，运用得不好，反而增加了图片的无效信息，分散了主体的注意力，如图8-4所示。

图8-4

摆拍图能够最直观地表现产品，画面的基本要求就是能够把商品如实地展现出来，倾向于平实无华的路线，有时候这种态度也能够打动消费者。实拍的图片通常需要突出主体，用纯色背景，讲究干净、简洁和清晰，如图8-5所示。

不论是以场景图的形式展示商品，还是以摆拍的形式展示商品，最终的目的都是想让顾客掌握更多的商品信息。因此在设计图片的时候，首先要注意的就是图片的清晰度，其次是图片色彩的真实度，力求逼真而完美地表现出商品。

图8-5

8.2.2 商品细节的展示

在商品描述页面中，顾客可以找到商品的大致感觉，对商品的细节进行展示，能够让商品在顾客的脑海中形成大致的形象，当客户有意识想要购买商品的时候，商品细节区域的恰当表现就开始起作用了。细节是让客户更加了解这个商品的主要手段，客户熟悉商品才是对最后的成交起到了关键作用的一步，而细节的展示可以通过多种表现方法来进行。

将商品重点部位的细节进行放大，让顾客直观地感受到商品的材质、形状和纹理等信息，这样设计的结果会突显出商品的主要特点，如图8-6所示。

图8-6

通过图解的方式表现出商品的一些物理特性，如透气性、手感和垂直感等一些触觉和功能上的特点，利用简短的文字说明恰到好处地告知顾客这些信息，准确传递商品的特点，如图8-7所示。

其实大多数的商家都知道商品详情页应该注重很多细节图的展现，于是很多淘宝网店的卖家的细节图中包含了很多的内容，这样的设计反而适得其反，信息的重复会让顾客失去阅读的耐心。所以细节图只要抓住买家最需要的展示就行了，其他的能去掉就去掉。此外，过多的细节图展示，会让网页中图片显示的内容过多而产生较长的缓冲时间，造成顾客的流失。

图8-7

145

8.2.3 商品尺寸和规格设置的重要性

图片是不能反映商品的真实情况的，因为图片在拍摄的时候是没有参照物的，即便有的商品图片有参照物作为对比，但是没有具体的尺寸进行说明，让顾客进行真实的测量，就不能形成具体的宽度和高度的概念。经常有买家买了商品后要求退货，其中很大一部分的原因就是与预期相差太多，而商品的预期印象就是商品照片给予顾客的，所以我们需要加入产品规格参数的模块，让顾客对商品有正确的预估，如图8-8和图8-9所示。

图8-8

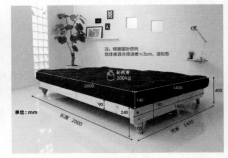

图8-9

8.3 商品详情页的框架结构

一个严谨、成功、优秀的商品详情页面，能够让顾客在短暂的停留时间里面，产生购买商品的欲望，并且提升店铺的购买率。在进行商品详情页的设计中，需要对该页面中的信息结构有一定的了解，接下来我们以服饰或者装饰品类的商品作为实例中的商品，对商品详情页面中的信息结构进行分析。

广告大图

在商品详情页面的最顶部，创意性的广告大图，能够第一时间吸引顾客的眼球，这是商品展示的第一步。

产品概述

产品概述以单个商品的形象进行展示，利用平铺或者多角度摆放，让顾客对产品的整体一目了然。

情景展示

情景展示中，好的图片更加吸引顾客的眼球，画面的色彩越漂亮，就越容易使顾客动心。

细节展示

细节阐述比较考验设计师的水平，产品之间的相互比较、局部区域的重点展示能够剖析出商品的特点，加深顾客对商品的了解，但是也不能过度的进行吹嘘。

产品展示

这个部分可能是大部分顾客关心的重点，基本上60%以上的顾客会直接浏览这个部分，这部分的图片好坏决定了店铺的购买率，但是很大一部分取决于产品本身是否符合顾客的追求。

质保信息

在产品完整展示之后，加入保障元素，进一步提升顾客对于店铺商品的信心和信赖。

物流及包装

网店的传递是通过物流来实现的，商品的包装也是物流过程中的一个重要影响因素，好的包装和物流，会提升店铺的服务品质。因此，必要的物流及包装展示，会增加店铺运营的专业程度。

品牌信息

品牌的气氛营造，相信很多的店家都会注意到这个问题，一个勇敢注册商标的品牌产品，一般都会有其独特的风格。在详情页面的最底端，画龙点睛地营造出品牌的价值和氛围，能够让顾客对商品的记忆加深，提高第二次购物的概率。

以上所述的详情页面的框架结构，是针对服饰、鞋帽和饰品类商品进行讲解的，在实际的设计过程中，可能会因为商品的差异和店铺的需求对页面中的信息进行合理的删减。但是无论怎么设计和编排，其目的都是提升店铺的购买率，让顾客对商品产生兴趣。

8.4 帆布鞋描述页面设计

- 实例位置：实例文件>CH08>帆布鞋描述页面设计.psd
- 素材位置：素材文件>CH08>01.jpg~11.jpg
- 技术掌握：帆布鞋描述页面的制作技法

本实例以多方位展示，将商品以各个方位的形式展现出来，使商品的信息更加全面，效果如图8-10所示。

图8-10

8.4.1 设计思路指导

第1点：由背景图、商品图和文字说明构成，画面饱满有吸引力。

第2点：通过图片多方位的展示，将商品的形象展示出来，细致简洁有说明性，配上说明文字，商品形象更加丰满。

8.4.2 版式分析

版式剖析如图8-11所示。

图8-11

8.4.3 配色剖析

简单的版式风格，选取的颜色如图8-12所示。

图8-12

8.4.4 制作步骤

01 启动Photoshop CS6，然后按快捷键Ctrl+N新建一个"帆布鞋描述页面设计"文件，具体参数设置如图8-13所示。

02 导入"素材文件>CH08>01.jpg"文件，将图像拖曳到绘图区顶部，如图8-14所示。使用"横排文字工具"Ｔ输入文本，设置合适的字体类型、大小和颜色，如图8-15所示。

图8-13   图8-14   图8-15

03 使用"横排文字工具"Ｔ在正中输入文本，设置合适的字体类型、大小和颜色，如图8-16所示。

04 导入"素材文件>CH08>02.jpg"文件，然后将图像拖曳到合适的位置，如图8-17所示。单击"矩形工具"▣，在选项栏中设置"填充"颜色为（R:137，G:137，B:137）、"描边"为无，接着在绘图区绘制多个矩形，如图8-18所示。

图8-16   图8-17   图8-18

05 使用"横排文字工具"Ｔ在矩形中输入文本，然后设置合适的字体类型和大小，再设置"颜色"为白色、"行间距"为28点，接着单击"加粗"按钮，如图8-19所示，效果如图8-20所示。

06 使用"横排文字工具"Ｔ在矩形中输入文本，然后设置合适的字体类型和大小，再设置"颜色"为黑色、"行间距"为27.8点，如图8-21所示，效果如图8-22所示。

图8-19   图8-20   图8-21   图8-22

07 复制顶部图层，将图像拖曳到合适的位置，如图8-23所示，然后使用"横排文字工具"Ｔ分别输入文本，设置合适的字体类型、大小和颜色，如图8-24所示，接着导入"素材文件>CH08>03.jpg"文件，如图8-25所示。

图8-23

图8-24

图8-25

08 单击"椭圆工具" ⬭，在选项栏中设置"填充"颜色为白色、"描边"为橙色、"描边宽度"为2点，如图8-26所示。再按住Shift键绘制多个圆形，如图8-27和图8-28所示。

图8-26

图8-27

图8-28

09 导入"素材文件>CH08>04.jpg~08.jpg"文件，然后将其拖曳到圆形对象上，再按快捷键Ctrl+Alt+G盖印到圆形上，如图8-29所示。使用"横排文字工具" T 在圆形上输入文本，设置合适的字体类型、大小和颜色，如图8-30所示。

10 使用同样的方法将图像盖印到圆形内，并添加文本，如图8-31所示。

图8-29

图8-30

图8-31

11 单击"矩形工具" ▢，在选项栏中设置"填充"颜色为黑色、"描边"为无，然后绘制矩形，如图8-32所示。使用"横排文字工具" T 分别输入文本，设置合适的字体类型、大小和颜色，如图8-33所示。

图8-32

图8-33

⑫ 单击"矩形工具" ▣，在选项栏中设置"填
充"颜色为（R:142，G:68，B:31）、"描边"为
无，然后绘制矩形，如图8-34所示。

图8-34

⑬ 导入"素材文件>CH08>09.jpg~11.jpg"文
件，将图像拖曳到合适的位置，使用"横排文字
工具" T 在图像旁输入文本，设置合适的字体类
型、大小和颜色，如图8-35所示，最终效果如图
8-36所示。

图8-35

图8-36

8.5 登山包描述页面设计

- 实例位置：实例文件>CH08>登山包描述页面设计.psd
- 素材位置：素材文件>CH08>12.jpg、13.png~16.png
- 技术掌握：登山包描述页面的制作技法

本实例的设计是将商品的各个方向面展示出来，这种展示方式非常直观、清晰，效果如图8-37所示。

图8-37

8.5.1 设计思路指导

第1点：背景图由多个图片组合成，将商品放在模块的下方，商品信息放在画面上方，突出主题。整个页面显得充实。

第2点：该区针对单个热卖商品进行介绍，通过对它进行多面的展示，突出商品的视觉效果。

8.5.2 版式分析

版式剖析如图8-38所示。

图8-38

8.5.3 配色剖析

三原色搭配绘制的页面设计，选取的颜色如图8-39所示。

图8-39

8.5.4 制作步骤

01 启动Photoshop CS6，然后按快捷键Ctrl+N新建一个"登山包描述页面设计"文件，具体参数设置如图8-40所示。

02 导入"素材文件>CH08>12.jpg"文件，然后使用"选择工具" 选中对象，将素材移动到合适的位置，如图8-41所示。

03 使用"横排文字工具" 在左上角输入文本，然后在选项栏中设置"字体"为Impact、"字体大小"为21点、"文本颜色"为白色，接着在图层面板设置"不透明度"为40%，如图8-42所示。

图8-40   图8-41   图8-42

04 使用"横排文字工具" 在页面内输入文本，然后在选项栏中设置"字体"为"华康简综艺"、"字体大小"为20点、"文本颜色"为（R:255，G:241，B:0），如图8-43所示。

05 使用"横排文字工具" 输入文本，然后在选项栏中设置"字体"为"方正中倩简体"、"字体大小"为14点，接着使用"选择工具" 将文本拖曳到合适位置，如图8-44所示。

06 导入"素材文件>CH08>13.png"文件，然后使用"选择工具" 选中对象，将素材移动到合适的位置，如图8-45所示。

图8-43   图8-44   图8-45

07 使用"矩形工具" 绘制矩形，然后在选项栏中设置"填充"颜色为（R:123，G:122，B:119）、"描边"为无，接着在图层面板设置"不透明度"为37%，如图8-46所示。

08 使用"横排文字工具" 输入文本，然后在选项栏中设置"字体"为"方正大黑简体"、"字体大小"为18点、"文本颜色"为白色，接着使用"选择工具" 将文字图层拖曳到矩形上，如图8-47所示。

图8-46   图8-47

09 使用"横排文字工具" T 输入文本，然后在选项栏中设置"字体"为Impact、"文本颜色"为（R:255，G:241，B:0），再分别设置"字体大小"为30点和36点，接着使用"选择工具" ▶ 将文本拖曳到合适的位置上，如图8-48和图8-49所示。

图8-48

图8-49

10 单击"多边形工具" ◎，然后在选项栏中设置"填充"颜色为（R:230，G:0，B:18）、"描边"为无、"边"为12，再单击"多边形选项"按钮 ⚙，勾选"星形"，如图8-50所示。接着在合适的位置绘制星形，如图8-51所示。

图8-50

11 使用"横排文字工具" T 输入文本，然后在选项栏中设置"字体"为"方正大黑简体"、"字体大小"为16点、"文本颜色"为白色，接着使用"选择工具" ▶ 将文字图层拖曳到星形上，如图8-52所示。

图8-51

图8-52

12 使用"矩形工具" ▢ 绘制矩形，然后在选项栏中设置"填充"颜色为（R:238，G:238，B:238），接着在矩形上绘制一个较小的矩形，再设置"填充"颜色为（R:255，G:241，B:0），如图8-53所示。

13 使用"横排文字工具" T 输入文本，然后在选项栏中设置"字体"为"华康简楷"、"字体大小"为32点、"文本颜色"为（R:67，G:67，B:67），接着使用"选择工具" ▶ 将文本拖曳到合适的位置，如图8-54所示。

14 使用"横排文字工具" T 输入文本，然后在选项栏中设置"字体"为"微软雅黑"、"字体大小"为18点，接着按快捷键Ctrl+T出现定界框时，单击鼠标右键在下拉菜单中选择"旋转90度（顺时针）"菜单命令进行调整，如图8-55所示。

图8-54

图8-55

图8-53

153

15 使用"横排文字工具" ⊤输入文本，然后在选项栏中设置"字体"为"黑体"、"字体大小"为12点、"文本颜色"为（R:68，G:175，B:242），接着使用"选择工具" ⊩将文本拖曳到合适的位置，如图8-56所示。

16 导入"素材文件>CH08>14.png~16.png"文件，然后使用"选择工具" ⊩分别选中素材，将素材移动到合适位置，如图8-57所示。

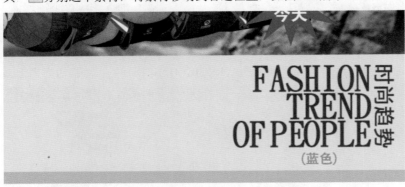

图8-56

图8-57

17 使用"横排文字工具" ⊤输入文本，然后在选项栏中设置"字体"为"方正大黑简体"、"字体大小"为36点，接着使用"选择工具" ⊩选中文字图层，将文字图层移动到合适位置，如图8-58所示。

18 使用"矩形工具" ▣绘制3个矩形，然后在选项栏中设置"填充"颜色为（R:125，G:185，B:186），接着使用"选择工具" ⊩分别选中矩形对象，将对象拖曳到合适位置，如图8-59所示。

19 使用"选择工具" ⊩选中矩形图层，然后在图层面板中设置"不透明度"为50%，如图8-60所示。

图8-58

图8-59

图8-60

20 使用"横排文字工具" ⊤在矩形内输入文本，然后在选项栏中设置"字体大小"为22点、"文本颜色"为白色，再分别选中文字设置合适的字体类型，如图8-61所示。

21 使用"横排文字工具" ⊤输入文本，然后在选项栏中设置合适的字体类型、字体大小和字体颜色，接着使用"选择工具" ⊩分别选中文本，将文本拖曳到合适位置，如图8-62所示。

图8-61

图8-62

22 使用"横排文字工具"![T]分别输入文本，然后在选项栏中设置"字体"为"方正大黑简体"、"字体大小"为18点、"文本颜色"为（R:67，G:67，B:67），接着使用"选择工具"![↑]将文本拖曳到合适位置，如图8-63所示。

23 使用"横排文字工具"![T]在绘图区下方输入文本，然后在选项栏中设置"字体"为"微软雅黑"、"字体大小"为5点、"文本颜色"为（R:67，G:67，B:67），如图8-64所示，最终效果如图8-65所示。

图8-63

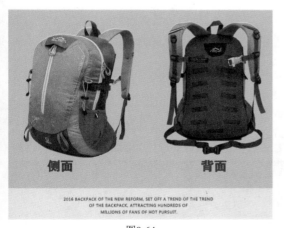

图8-64

图8-65

8.6 女士耳钉描述页面设计

- 实例位置：实例文件>CH08>女士耳钉描述页面设计.psd
- 素材位置：素材文件>CH08>17.jpg、18.png~24.png
- 技术掌握：女士耳钉描述页面的制作技法

本实例的设计方法是将所有的商品放在一起进行展示，各个商品之间互相映衬，效果如图8-66所示。

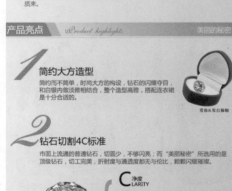

图8-66

8.6.1 设计思路指导

第1点：多个图片组合成背景图，将商品放在模块的左侧，文字信息内容放在上方，突出主题，让整个页面十分丰富。

第2点：该区域主要针对热卖商品进行介绍，通过对它进行一些文字说明，使整个页面显得饱满。

第3点：将商品的细节局部以放大的形式表现出来，并通过条理清晰的文字进行说明，详细地剖析出商品的优点。

8.6.2 版式分析

版式剖析如图8-67所示。

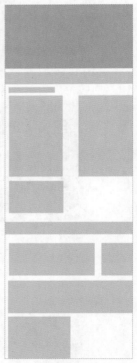

图8-67

8.6.3 配色剖析

以突出内容为着重点，选取的颜色如图8-68所示。

图8-68

8.6.4 制作步骤

01 启动Photoshop CS6，然后按快捷键Ctrl+N新建一个"女士耳钉描述页面设计"文件，具体参数设置如图8-69所示。

02 单击"渐变工具" ，然后在选项栏中单击"编辑渐变器"，设置颜色从白色到（R:61，G:158，B:121），如图8-70所示。接着在绘图区中拖曳出渐变效果，效果如图8-71所示。

图8-69 图8-70 图8-71

03 导入"素材文件>CH08>17.jpg"文件，然后使用"选择工具" 分别选中素材，将素材移动到合适位置，如图8-72所示。

04 使用"矩形工具" 在绘图区左上角绘制矩形，然后在选项栏中设置"填充"颜色为白色、"描边"为无，接着在图层面板设置"不透明度"为60%，如图8-73所示。

05 使用"横排文字工具" 在矩形中输入文本，然后设置合适的字体类型、字体大小和字体颜色，接着使用"选择工具" 分别将文本拖曳到合适位置，如图8-74所示。

图8-72 图8-73 图8-74

06 导入"素材文件>CH08>18.png"文件，然后使用"选择工具" 分别选中素材，将素材移动到合适位置，如图8-75所示。

07 双击素材图层，然后在弹出的"图层样式"中勾选"外发光"，接着设置"不透明度"为33、"扩展"为30、"大小"为43、"发光颜色"为白色，如图8-76所示。

图8-75 图8-76

08 使用"椭圆工具"◎绘制椭圆，然后在选项栏中设置"填充"为白色，接着在图层面板中设置"不透明度"为23%，再单击图层面板下方的添加矢量蒙版▣按钮，使用"画笔工具"☑将不需要的部分进行涂抹，最后使用"选择工具"▶将图层移动到素材图层下方，如图8-77所示。

09 使用"矩形工具"▣绘制矩形，然后在选项栏中设置"填充"为（R:61，G:158，B:121）、"描边"为无，接着使用"选择工具"▶将图形拖曳到合适的位置，如图8-78所示。

10 使用"横排文字工具"T分别输入文本，然后在选项栏中设置"字体"为"微软雅黑"，再设置合适的字体大小和文本颜色，接着使用"选择工具"▶将文本拖曳到合适位置，如图8-79所示。

| 图8-77 | 图8-78 | 图8-79 |

11 使用"横排文字工具"T在矩形后输入文本，然后在选项栏中设置"字体"为"经典粗黑简"、"字体大小"为48点、"文本颜色"为（R:61，G:158，B:121），如图8-80所示。

12 双击文本图层，然后在弹出的"图层样式"中勾选"投影"，再设置颜色为（R:23，G:74，B:53）、"不透明度"为47、"角度"为101、"距离"为3、"大小"为3，如图8-81所示，最后单击"确定"按钮，效果如图8-82所示。

| 图8-80 | 图8-81 | 图8-82 |

13 使用"横排文字工具"T输入文本，然后在选项栏中设置"字体"为"经典粗黑简"、"字体大小"为48点、"文本颜色"为（R:61，G:158，B:121），如图8-83所示。

14 单击"矩形工具"▣，然后在选项栏中单击"填充"，设置"填充"为"渐变"、"旋转渐变"为0、"渐变颜色"从白色到（R:61，G:158，B:121），如图8-84所示，接着在页面合适的位置绘制对象，效果如图8-85所示。

| 图8-83 | 图8-84 | 图8-85 |

⑮ 使用"钢笔工具" ![pen] 在矩形上绘制两个图形，然后在选项栏中分别设置"填充"颜色为（R:61，G:158，B:121）、（R:162，G:207，B:189），如图8-86所示。

⑯ 单击"直线工具" ![line] ，然后在选项栏中设置"描边"颜色为（R:61，G:158，B:121）、"描边宽度"为1点、"描边类型"为虚线，接着在矩形下方绘制对象，如图8-87所示。

⑰ 使用"横排文字工具" ![T] 分别输入文本，然后在选项栏中选择合适的字体类型、字体大小和文本颜色，接着使用"选择工具" ![move] 将文本拖曳到合适位置，如图8-88所示。

图8-86

图8-87

图8-88

⑱ 单击"椭圆工具" ![ellipse] ，然后在选项栏中设置"填充"颜色为（R:184，G:0，B:0）、"描边"为无，接着按住Shift键在文本间绘制正圆，如图8-89所示。

⑲ 导入"素材文件>CH08>19.png~22.png"文件，然后使用"选择工具" ![move] 分别选中素材，将素材移动到合适位置，如图8-90所示。

⑳ 使用"横排文字工具" ![T] 分别输入文本，然后在选项栏中选择合适的字体类型、字体大小和文本颜色，接着使用"选择工具" ![move] 将文本拖曳到合适位置，如图8-91所示。

图8-89

图8-90

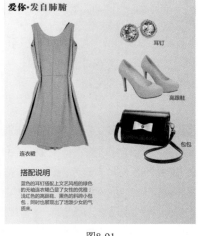

图8-91

㉑ 选中之前绘制的中间栏图层，然后按快捷键Ctrl+J复制一份，接着选中复制的文本图层，使用"横排文字工具" ![T] 修改文本，最后将复制的图层移动到最上层，如图8-92所示。

㉒ 导入"素材文件>CH08 >23.png~24.png"文件，然后使用"选择工具" ![move] 分别选中素材，将素材移动到合适位置，如图8-93所示。

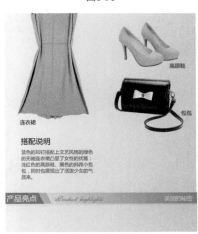

图8-92

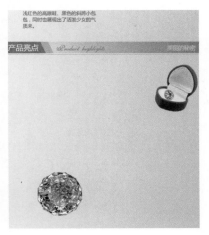

图8-93

㉓ 使用"横排文字工具" T 分别输入文本，然后在选项栏中选择合适的字体类型、字体大小和文本颜色，接着使用"选择工具" ▶ 将文本拖曳到合适位置，如图8-94所示。

图8-94

㉔ 使用"横排文字工具" T 输入文本，然后在选项栏中设置"字体"为"微软雅黑"、"字体大小"为100点、"文本颜色"为（R:235，G:139，B:111），接着使用"选择工具" ▶ 将文本拖曳到合适的位置，如图8-95所示。

图8-95

㉕ 使用"横排文字工具" T 分别输入文本，然后在选项栏中选择合适的字体类型、字体大小和文本颜色，接着使用"选择工具" ▶ 将文本拖曳到合适位置，如图8-96所示和图8-97所示，最终效果如图8-98所示。

图8-96

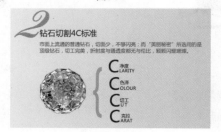

图8-97

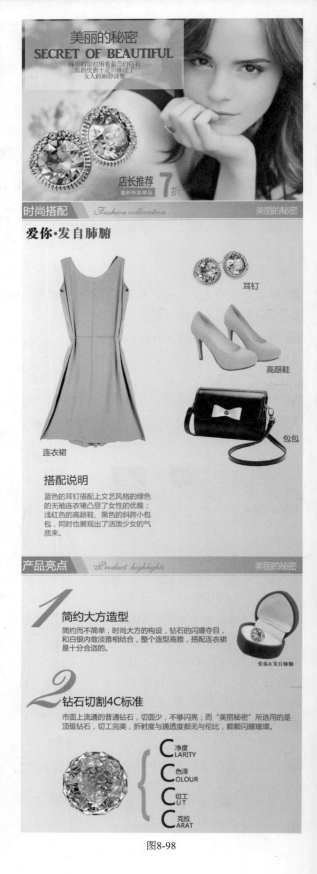

图8-98

8.7 课后习题

课后习题 睡衣描述页面设计

- 实例位置：实例文件>CH08>课后习题 睡衣描述页面设计.psd
- 素材位置：素材文件>CH08>25.jpg~32.jpg
- 技术掌握：睡衣描述页面设计的制作技法

本练习设计的是睡衣描述页面，整个模块就是商品图片，使用少许的文字进行装饰设计，突出主题。商品的细节局部以放大的形式突出表现出来，再通过画龙点睛的文字进行说明，详细地剖析出商品的特点，效果如图8-99所示。

【制作思路】

第1步：首先绘制多个色块将画面区分，如图8-100所示。

第2步：绘制图形，并导入图片素材，然后分别设置图片为相应区域的剪切蒙版，如图8-101所示。

第3步：输入文字信息，完善画面，如图8-102所示。

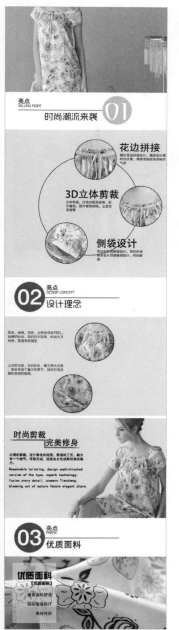

图8-99

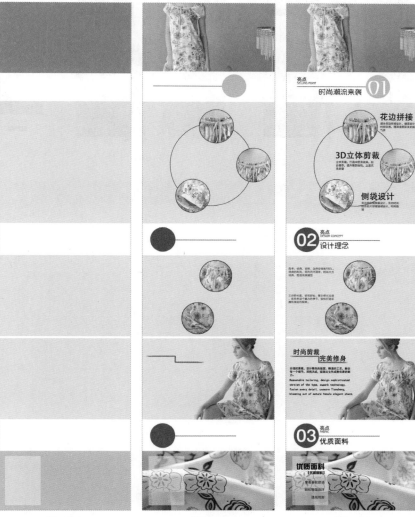

图8-100 图8-101 图8-102

课后习题 新品衣物描述页面设计

- 实例位置：实例文件>CH08>课后习题 新品衣物描述页面设计.psd
- 素材位置：素材文件>CH08>33.jpg~36.jpg、37.png~40.png
- 技术掌握：描述页面制作技法

本练习是通过使用模特展示的方式来让顾客了解商品，效果简单直观，如图8-103所示。

【制作思路】

第1步：首先划分区域，导入图片素材，如图8-104所示。

第2步：输入文字信息，完善画面，如图8-105所示。

图8-104   图8-105   图8-103

8.8 本课笔记

09

第9课
欧式时尚服装网店设计

服装类店铺是淘宝店铺类型中一个重要的分类，本课着重对服装类淘宝店铺进行了比较全面的分析，对服装类淘宝店的版式、结构和配色都有详细的介绍。希望能让读者在了解后制作出有创意、内容丰富的服装类淘宝店铺。

课堂学习目标

- 网店整体设计简介
- 服装类设计分类
- 结构展示与配色分析
- 服装类整体网店设计

9.1 欧式时尚服装网店设计简介

● 实例位置：实例文件>CH09>欧式时尚服装网店设计.psd
● 素材位置：素材文件>CH09>01.png~28.png，29.jpg~35.jpg
● 技术掌握：服装类店铺首页的制作方法

　　本实例以服装类店铺首页设计为参考，进行商品详情页设计，通过对商品进行展示并配以文字说明来体现服装的特点和功能。让顾客全方位、清晰地认识到商品的细节，实例效果如图9-1所示。

图9-1

9.2 服装类网店整体设计分析

　　一个店铺布局的成功与否，直接决定了买家能否在第一时间产生浏览或购买的欲望。目前，装饰设计市场上经常会看到一些模块盲目堆砌功能模块，主次罗列混乱，不利于顾客体验，也无法突出地展示买家中意的商品。因此卖家要根据自己的店铺风格、产品和促销活动分门别类、清晰地布局。服装类的店铺在淘宝网中有很多，每个店铺的装修风格都不一样，下面根据服装的风格，将其划分为4种。

9.2.1 欧美风服装店铺分析

　　欧美风服装店铺如图9-2所示，版式结构如图9-3所示。

图9-2

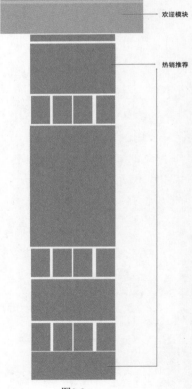

欢迎模块

热销推荐

图9-3

欢迎模块： 在欢迎模块中使用了宽幅的画面作为模块的背景，将人物放在界面右侧的黄金分割点上，并使用文字对其进行修饰和美化，突出活动内容。

热销推荐： 在该区域的上方使用4个大小一致的图像来将推荐的商品进行分类，用相关饰品进行搭配，展现商品的特点。

欧美风店铺的配色分析

欧美风的服装店铺设计风格一般以简约大气为主。该服装店铺的设计上运用欧美风格，简洁的线条贯穿整个首页，显得时尚大气。在颜色上选用红色、黑色和白色的经典颜色搭配。使用了大量的白色作为背景，营造出冬天下雪的气氛，而在海报和服装装饰部分则使用了大量的暖色调的红色，让整个店铺温暖起来。根据商品自身的黑色进行运用，又让画面整体的色彩的搭配协调、统一，如图9-4所示。

图9-4

9.2.2 中国风服装店铺分析

中国风服装店铺的版式结构如图9-5所示，效果如图9-6所示。

欢迎模块： 在欢迎模块中将模特进行方向的调整，使整个画面充满韵律感。颜色上采用大量的玫红和蓝色形成对比，增强视觉冲击力。

热销区： 在热销区中，将最新最热的商品用6个大小一致的图像来对商品进行分类，用模特来对商品进行展示，突出热销商品的特点。

商品分类： 将店铺里的商品进行分类，区域的划分跟归纳商品分类相似，需要将同一主题的分类商品在首页进行陈列，总体遵循主营商品类目按一定顺序的原则，有条理地引导顾客一个一个模块进行观看。

系列分类： 根据商品的不同元素和不同的设计风格，来对商品进行详细的划分。放在页面的最后，还可以吸引顾客使其停留。

活动分类： 活动分类中，使用相同大小的矩形来对商品进行划分，引导顾客进行浏览。

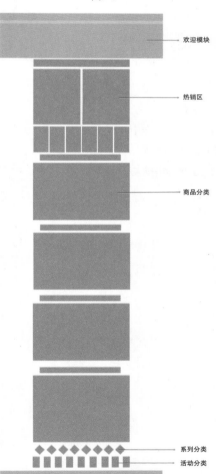

图9-5

图9-6

中国风服装店铺的配色分析

本实例在设计和制作的过程中，使用了蓝色色调作为网页的主色调，玫红色和黄色作为辅助色调。设计中通过鲜艳的颜色，来对商品进行点缀修饰，让其表现得更为醒目，而文字部分沿用其色彩，让整个画面配色灵活、协调、统一，如图9-7所示。

9.2.3 日系服装店铺分析

日系服装店铺如图9-8所示，版式结构如图9-9所示。

欢迎模块：在欢迎模块中，使用商品照片作为海报，吸引顾客浏览。

活动公告：整体使用白底黑字，而重要的信息则使用红色文字，将店铺的最新消息发布在海报下面，让顾客在进入店铺时，第一眼就能看到店铺的最新消息。

商品展示：将商品图片裁剪成矩形形状，错落有致地摆放，使整个展示区充满韵律感。

日系服装店铺的配色分析

在日系服装店铺的配色过程中，使用了商品自身的颜色来进行商品摆放。背景颜色使用白色，使整个页面色彩搭配协调统一，如图9-10所示。

图9-7

图9-8

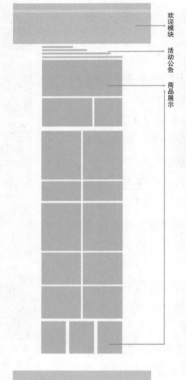

图9-9

图9-10

9.2.4 韩系服装店铺分析

韩系服装店铺如图9-11所示，版式结构如图9-12所示。

图9-11

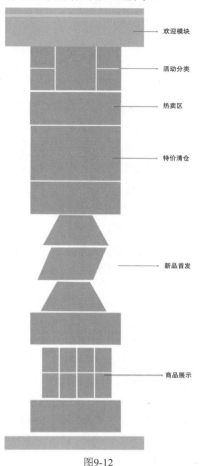

欢迎模块

活动分类

热卖区

特价清仓

新品首发

商品展示

图9-12

欢迎模块： 欢迎模块中使用模特图像与标题文字组合的方式进行表现，使画面协调统一。

活动分类： 在活动分类区，将画面分为5等份，用左右对称的方式呈现，给人带来工整，整齐的视觉感受。

热卖区： 该区域中将商品放在画面的中间，搭配信息文字，既能使画面丰富又能让顾客感受到商品的热卖程度。

特价清仓： 清仓区域中，使用模特和优惠文字，既完整地展示了商品的所有信息，又让整体布局显得统一、完整。

新品首发： 该区域中，主要以三角形进行组合，从上到下逐渐扩展，让板式布局显得更加牢靠。这种摆放形式既有规律又使整个画面充满韵律感。

商品展示： 在商品展示区域中，使用大小一致的图像来对商品进行摆放，有秩序地引导顾客进行浏览。

韩系服装店铺配色分析

本实例的设计和制作过程中，使用了大量的浅棕色和玫红色作为网页的主色调，由此营造出一种可爱时尚感，使得首页中的颜色协调统一。在对商品进行描述和分类的区域中，还是使用了色彩较为鲜艳的多种颜色进行点缀，赋予画面生机勃勃的感觉，避免了整个网页因为颜色太多的相似而显得呆板，如图9-13所示。

> **小提示**
>
> 不同类型的服装店铺，在结构上会有所不同，但大致的结构是不会变的。

图9-13

9.3 结构展示与配色分析

在了解店铺布局的原则以后，再来了解店铺的结构展示和配色。在消费者需求越来越复杂的时代，店铺设计颜色选择的好坏，将直接影响商品的访问量和品牌的认知度。

9.3.1 结构展示与分析

结构展示如图9-14所示。

欢迎模块：将商品模特放在模块的左右两侧，活动信息内容放在中间，突出主题。色调上使用黄色和蓝色作为主要页面背景奠定整个页面的基调，通过白色底和蓝色文字，形成对比，吸引顾客眼球。

人气单品：该区域主要针对单个热卖商品进行介绍，通过对它进行一些装饰设计，使整个页面显得饱满，有设计感。

商品展示：单个的商品使用大小相同的矩形进行分割，既显得整齐有序，又能够完整地表现出每个商品的特点和形象。

商品详情：将商品的局部以放大的形式突出表现出来，并通过画龙点睛的文字进行说明，详细地剖析出商品的特点。

9.3.2 店铺配色分析

服装类店铺首页在进行设计和制作的过程中，使用了大量的蓝色作为网页的主色调，由此营造出一种青春活力时尚感。设计中又通过使用高纯度的蓝色和灰色对商品信息文字进行表现，让其表现得突出醒目，而商品的配色则采用了黄色，使其与设计颜色形成较大的反差，让整个画面的配色灵活、协调、统一，又不至于形成呆板的效果。设计元素配色如图9-15所示。

图9-15

9.4 实现欧式时尚服装网店设计

本实例设计的是欧式时尚服装网店的首页，画面中使用灰色作为背景，并搭配蓝色和黄色表现青春活力、时尚的特点，具有很强的视觉冲击力。

9.4.1 店招设计

01 启动Photoshop CS6，然后按快捷键Ctrl+N新建一个"服装类店铺首页设计"文件，具体参数设置如图9-16所示。

图9-14

图9-16

02 单击"矩形工具" ，然后在选项栏中设置"填充"颜色为（R:42，G:209，B:209）、"描边"为无，接着使用"选择工具" 将图形拖曳到绘图区顶部，如图9-17所示。

03 使用"钢笔工具" 绘制图形，然后在选项栏中设置"填充"颜色为（R:0，G:183，B:238）、"描边"为无，接着使用"选择工具" 将图形拖曳到矩形左边，如图9-18所示。

04 使用"钢笔工具" 在矩形内绘制多个图形，然后使用"选择工具" 将图形拖曳到合适的位置，接着选中所有绘制的图层，在图层面板设置"填充"为50%，如图9-19所示。

图9-17　　　　　　　　　　　　　图9-18　　　　　　　　　　　　　图9-19

05 使用"钢笔工具" 绘制图形，然后在选项栏中设置"填充"颜色为（R:237，G:237，B:237）、"描边"为无，接着使用"选择工具" 将图形拖曳到合适的位置，如图9-20所示。

06 使用"钢笔工具" 在矩形内绘制多个图形，然后使用"选择工具" 将图形拖曳到合适的位置，接着选中所有绘制的图层，在图层面板设置"填充"为50%，如图9-21所示。

07 单击"椭圆工具" ，然后在选项栏中设置"填充"颜色为黑色、"描边"为无，接着在合适的位置，按住Shift键绘制正圆，如图9-22所示。

图9-20　　　　　　　　　　　　　图9-21　　　　　　　　　　　　　图9-22

08 单击"自定形状工具" ，然后在选项栏中设置"填充"颜色为白色、"描边"为无，再设置"形状"为花6，如图9-23所示，接着在正圆内绘制对象，效果如图9-24所示。

09 单击"自定形状工具" ，然后在选项栏中设置"填充"颜色为黑色、"描边"为无，再设置"形状"为花6，接着在正圆内绘制对象，效果如图9-25所示。

10 选中白色花6，然后按快捷键Ctrl+J将图形复制一份，再按快捷键Ctrl+T出现定界框时将对象进行缩放，接着使用"选择工具" 调整到合适的位置，如图9-26所示。

图9-23

图9-24　　　　　　　　　　　　　图9-25　　　　　　　　　　　　　图9-26

11 单击"椭圆工具" ，然后在选项栏中设置"填充"颜色为黑色、"描边"为无，在合适的位置，按住Shift键绘制正圆，如图9-27所示。

图9-27

12 选中正圆，然后按快捷键Ctrl+J复制一份，再按快捷键Ctrl+T出现定界框时将对象进行缩放，接着使用"选择工具"  调整到合适的位置，如图9-28所示。

13 使用"矩形工具"  绘制对象，然后在选项栏中设置"填充"颜色为黑色、"描边"为无，接着使用"选择工具"  调整到合适的位置，如图9-29所示。

14 选中对象，然后按快捷键Ctrl+J复制一份，再按快捷键Ctrl+T出现定界框时将对象进行旋转，接着使用"选择工具" 调整到合适的位置，如图9-30所示。

图9-28

图9-29

图9-30

15 将绘制的两个矩形选中，然后将图形按Ctrl+J复制一份，再使用"选择工具" 向下进行拖曳，接着按快捷键Ctrl+E合并图层，如图9-31所示。

16 选中合并图层，然后复制两份，接着分别按快捷键Ctrl+T出现定界框时将对象旋转到合适的角度，再使用"选择工具" 拖曳到合适的位置，如图9-32所示。

17 使用"横排文字工具"  输入文本，然后在选项栏中设置"字体大小"为20点、"文本颜色"为黑色，再选择合适的字体类型，接着使用"选择工具" 将文本分别拖曳到合适的位置，如图9-33所示。

图9-31

图9-32

图9-33

18 使用"横排文字工具" 输入文本，然后在选项栏中设置"字体大小"为120点、"文本颜色"为黑色，再选择合适的字体类型，接着使用"选择工具" 将文本分别拖曳到合适的位置，如图9-34所示。

19 单击"矩形工具" ，然后在选项栏中设置"填充"颜色为黑色、"描边"为无，接着使用"选择工具" 将图形拖曳到合适的位置，如图9-35所示。

图9-34

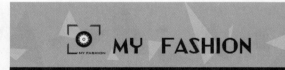

图9-35

20 使用"横排文字工具" 在矩形内输入文本，然后在选项栏中设置"字体"为"长城特圆体"、"字体大小"为20点、"文本颜色"为（R:237，G:237，B:237），再设置"字间距"为200，如图9-36所示，效果如图9-37所示。

图9-36

图9-37

㉑ 单击"多边形工具" 📐，然后在选项栏中设置"填充"颜色为白色、"描边"为无、"边"为3，接着在文本后绘制对象，如图9-38所示。

㉒ 导入"素材文件>CH09>01.png"文件，使用"选择工具" ▶ 将素材分别拖曳到合适的位置，如图9-39所示。

图9-38

图9-39

㉓ 双击素材图层，然后在弹出的"图层样式"中勾选"阴影"，设置"不透明度"为30、"角度"为180、"距离"为10、"大小"为10，如图9-40所示，接着单击"确定"按钮 确定 ，效果如图9-41所示。

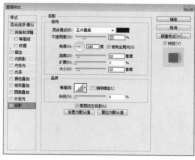

图9-40

图9-41

㉔ 使用"横排文字工具" T 输入文本，然后在选项栏中设置合适的字体类型、字体大小和字体颜色，接着使用"选择工具" ▶ 分别将文本拖曳到合适的位置，如图9-42所示。

㉕ 导入"素材文件>CH09>02.png~04.png"文件，使用"选择工具" ▶ 将素材分别拖曳到合适的位置，如图9-43所示。

图9-42

图9-43

9.4.2 导航条设计

① 使用"矩形工具" 🔲 绘制矩形，然后在选项栏中设置"填充"颜色为白色、"描边"为无，如图9-44所示。

② 使用"矩形工具" 🔲 绘制矩形，然后在选项栏中设置"填充"颜色为（R:255，G:229，B:2）、"描边"为无，再使用"选择工具" ▶ 将图形拖曳到合适的位置，如图9-45所示。

图9-44

图9-45

03 使用"横排文字工具" T.在矩形内输入文本，然后在选项栏中设置合适的字体类型和字体大小，再设置"文本颜色"为（R:100，G:100，B:100），如图9-46和图9-47所示。

图9-46 　　　　　　　　　　　　　　　　图9-47

04 使用"矩形工具" ▣绘制矩形，然后在选项栏中设置"填充"颜色为（R:248，G:181，B:81）、"描边"为无，接着按Ctrl+J复制两份，再使用"选择工具" ▶️分别将图形拖曳到合适的位置，如图9-48所示。

05 使用"钢笔工具" ✒️绘制图形，然后在选项栏中设置"填充"颜色为黑色、"描边"为无，接着使用"选择工具" ▶️将图形拖曳到矩形左边，如图9-49所示。

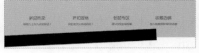

图9-48 　　　　　　　　　　　　　　　　图9-49

06 单击图形图层面板下方的"添加蒙版"按钮，然后单击"渐变工具" ▣，在选项栏中设置类型为"线性渐变"，接着在图形的蒙版层上拖曳出渐变效果，如图9-50所示。最后将图形图层移动到下方，如图9-51所示。

07 将渐变图层按快捷键Ctrl+J复制一份，然后按快捷键Ctrl+T出现定界框时单击鼠标右键在下拉菜单中选择选择"水平翻转"命令进行调整，接着将其拖曳到合适的位置，如图9-52所示。

图9-50 　　　　　　　　　　图9-51 　　　　　　　　　　图9-52

9.4.3 商品描述设计

01 单击"多边形工具" ▣，然后在选项栏中设置"填充"颜色为（R:42，G:209，B:239）、、"描边"为无、"边"为3点，接着在合适的位置绘制对象，如图9-53所示。

02 使用"钢笔工具" ✒️绘制图形，然后在选项栏中设置"填充"颜色为（R:255，G:229，B:2）、"描边"为无，如图9-54所示。再绘制图形，在选项栏中设置"填充"颜色为（R:244，G:246，B:254），如图9-55所示。

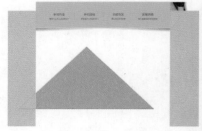

图9-53

03 导入"素材文件>CH09>05.png"文件，使用"选择工具" ▶️将素材分别拖曳到合适的位置，如图9-56所示。

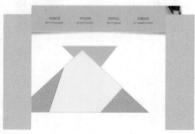

图9-54 　　　　　　　　　　图9-55 　　　　　　　　　　图9-56

04 使用"椭圆工具" ◎绘制图形，然后在选项栏中设置"填充"颜色为白色、"描边"为（R:191，G:191，B:191）、"描边宽度"为5点，如图9-57所示，接着导入"素材文件>CH09>06.png"文件，使用"选择工具" ▶将素材拖曳到合适的位置，最后按Ctrl+Alt+G进行盖印，如图9-58所示。

05 使用"横排文字工具" T输入文本，然后在选项栏中设置合适的字体类型和字体大小，再设置"文本颜色"为黑色，接着使用"选择工具" ▶分别将文本拖曳到合适的位置，如图9-59所示。

图9-57

图9-58

图9-59

06 单击"自定形状工具" ☞，然后在选项栏中设置"填充"颜色为（R:255，G:229，B:2）、"描边"为无、"形状"为"复选标记"，接着在合适的位置绘制对象，再使用"选择工具" ▶将图形拖曳到合适的位置，如图9-60所示。

07 使用"多边形工具" ◎绘制对象，然后在选项栏中设置"填充"颜色为（R:255，G:229，B:2）、"描边"为无、"边"为5，接着使用"选择工具" ▶将图形拖曳到合适的位置，如图9-61所示。

08 导入"素材文件>CH09>07.png~09.png"文件，使用"选择工具" ▶将素材拖曳到合适的位置，如图9-62所示。

图9-60

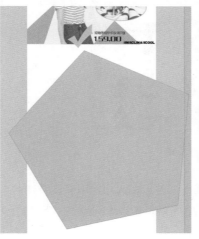

图9-61

图9-62

09 使用"横排文字工具" T输入文本，然后在选项栏中设置合适的字体类型和字体大小，再设置"文本颜色"为黑色，接着使用"选择工具" ▶将文本拖曳到合适的位置，如图9-63所示。

10 导入"素材文件>CH09>10.png"文件，然后使用"选择工具" ▶将素材拖曳到合适的位置，接着在图层面板设置"不透明"为10%，如图9-64所示。

图9-63

图9-64

⓫ 使用"矩形工具"▣绘制对象，然后在选项栏中设置"填充"颜色为（R:42，G:209，B:239）、"描边"为无，接着使用"选择工具"▶将图形拖曳到合适的位置，如图9-65所示。再绘制矩形，将其拖曳到合适的位置，如图9-66所示。

⓬ 使用"横排文字工具"Ｔ输入文本，然后在选项栏中设置合适的字体类型和字体大小，再设置"文本颜色"为黑色，接着使用"选择工具"▶将文本拖曳到合适的位置，如图9-67所示。

图9-65

图9-66

图9-67

⓭ 在标尺处拖曳出多条辅助线，然后导入"素材文件>CH09>11.png~20.png"文件，再按快捷键Ctrl+T出现定界框时将对象进行缩放，接着使用"选择工具"▶调整到合适的位置，最后按快捷键Ctrl+H取消显示辅助线，如图9-68~图9-70所示。

图9-68

图9-69

图9-70

⓮ 使用"横排文字工具"Ｔ输入文本，然后在选项栏中设置合适的字体类型和字体大小，再设置"文本颜色"为黑色，接着使用"选择工具"▶将文本拖曳到合适的位置，如图9-71所示。

⓯ 使用"矩形工具"▣绘制矩形，然后在选项栏中设置"填充"颜色为（R:255，G:229，B:2）、"描边"为无，接着将图层移动到下层，如图9-72所示。

⓰ 单击"钢笔工具"✍，然后设置"填充"为无、"描边"为黑色、"描边宽度"为1点、"描边类型"为虚线，接着在文本下绘制图形，如图9-73所示。

图9-71

图9-72

图9-73

⑰ 单击"矩形工具" ▣ ，然后在选项栏中设置"填充"颜色为（R:255，G:229，B:2）、"描边"为无，接着使用"选择工具" ▶ 将图形拖曳到合适的位置，如图9-74所示。

⑱ 使用"横排文字工具" T 在矩形内输入文本，然后在选项栏中设置合适的字体类型和字体大小，再设置"文本颜色"为黑色，如图9-75和图9-76所示。

图9-74

图9-75

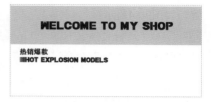

图9-76

⑲ 导入"素材文件>CH09>21.png"文件，然后使用"选择工具" ▶ 将素材拖曳到合适的位置，如图9-77所示。接着单击图层面板下方的"添加蒙版"按钮，再单击"渐变工具" ▣ ，在选项栏中设置类型为"线性渐变"，在图像的蒙版层上拖曳渐变效果，如图9-78所示。

⑳ 将素材复制多份，使用同样的方法为素材拖曳出渐变效果，再将其拖曳到合适的位置，如图9-79所示。

图9-77

图9-78

图9-79

㉑ 导入"素材文件>CH09>22.png~28.png"文件，然后使用"选择工具" ▶ 将素材拖曳到合适的位置，如图9-80所示。

㉒ 使用"矩形工具" ▣ 绘制多个图形，然后在选项栏中设置"填充"颜色为（R:255，G:229，B:2）、"描边"为无，接着使用"选择工具" ▶ 将图形拖曳到合适的位置，如图9-81所示。

㉓ 使用"横排文字工具" T 分别在矩形内输入文本，然后在选项栏中设置"字体"为方正大黑简体、"字体大小"为29.97点、"文本颜色"为黑色，设置字体大小，如图9-82所示。

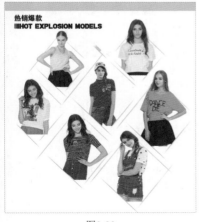

图9-80

图9-81

图9-82

24 使用"横排文字工具" T 在矩形内输入文本，然后在选项栏中设置合适的字体类型和字体大小，再设置"文本颜色"为黑色，如图9-83所示。

25 单击"自定形状工具" ，然后在选项栏中设置"填充"颜色为（R:255，G:229，B:2）、"描边"为无、"形状"为"复选标记"，接着在合适的位置绘制对象，再使用"选择工具" 将图形拖曳到合适的位置，如图9-84所示。

26 导入"素材文件>CH09>29.jpg~35.jpg"文件，然后分别按快捷键Ctrl+T出现定界框时单击鼠标右键在下拉菜单中选择"缩放"命令进行调整，接着使用"选择工具" 将素材拖曳到合适的位置，如图9-85所示。

图9-83

图9-84

图9-85

27 使用"矩形工具" 绘制矩形，然后在选项栏中设置"填充"颜色为（R:201，G:201，B:201）、"描边"为无，接着在图层面板设置"不透明度"为75%，如图9-86所示。

28 使用"矩形工具" 绘制矩形，然后在选项栏中设置"填充"为无、"描边"为（R:42，G:209，B:209）、"描边宽度"为7点，如图9-87所示。

29 单击图层面板下方的"添加蒙版"按钮，然后使用"矩形选框工具" 框选区域，再按快捷键Alt+Delete添加剪切蒙版效果，如图9-88所示。

图9-86

图9-87

图9-88

9.4.4 店铺收藏设计

01 单击"矩形工具" ，然后在选项栏中设置"填充"颜色为（R:42，G:209，B:209）、"描边"为无，接着使用"选择工具" 将图形拖曳到绘图区底部，如图9-89所示。

02 使用"横排文字工具" T 在矩形内输入文本，然后在选项栏中设置合适的字体类型和字体大小，再设置

"文本颜色"为黑色，如图9-90所示。

图9-89 图9-90

03 单击"钢笔工具" ，然后设置"填充"为无、"描边"为黑色、"描边宽度"为3.5点、"描边类型"为虚线，接着在文本下绘制图形，如图9-91所示。

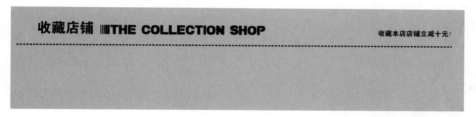

图9-91

04 使用"矩形工具" 绘制矩形，然后在选项栏中设置"填充"颜色为白色、"描边"为无，接着使用"选择工具" 将图形拖曳到合适的位置，如图9-92所示。

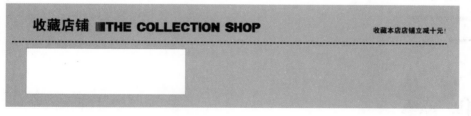

图9-92

05 使用"横排文字工具" 在矩形内输入文本，然后在选项栏中设置"字体类型"为"微软雅黑"、"文本颜色"为（R:42，G:209，B:209），再设置合适的字体大小，如图9-93所示，最终效果如图9-94所示。

图9-93

图9-94

9.5 本课笔记

10

第10课
精巧甜品网店设计

食品类店铺设计由于食品的种类不同，店铺页面的配色重点也不同，在设计时一定要保持颜色搭配的统一，而且由于食品类素材的添加会很多，所以在进行版式排放时要注意协调性，不要让食品的展现显得单调。

课堂学习目标

- 网店整体设计分析
- 结构展示与配色分析
- 首页设计与制作
- 活动页设计
- 宝贝详情页设计

10.1 精巧甜品网店设计简介

- ● 实例位置：实例文件>CH10>食品类店铺首页设计、食品类店铺活动页的设计.psd
- ● 素材位置：素材文件>CH10>01.png~32.png
- ● 技术掌握：食品类店铺首页和活动页面的制作方法

网店首页是通过对商品的展示和文字说明来介绍商品和店铺以吸引顾客的，为了提高客流量和下单量，网店的设计一定要精美，实例效果如图10-1所示。

活动页是在节日或者是有宣传活动时单独设计的页面，在设计时一般沿用首页中的元素和色彩，也会加上符合节日或宣传活动气氛的元素，实例效果如图10-2所示。

图10-1
图10-2

10.2 食品类网店整体设计分析

网店装修是淘宝网店的审美体现，是吸引人眼球的第一要素，客户会通过装修第一时间了解店铺的信息。对于网店来讲，好的店铺设计至关重要，因为客户只能通过网上的文字和图片来了解店铺，了解商品，所以做得好能提高用户的信任感，甚至对自己店铺品牌的树立起到关键作用。

网店中有很多的食品类店铺，每个店铺售卖的货品都不同，下面根据食品不同的种类划分，将其大致分为3个部分。

10.2.1 生鲜果蔬店铺分析

生鲜果蔬店铺如图10-3所示，版式结构如图10-4所示。

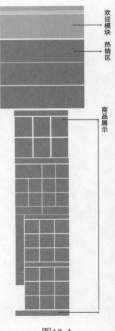

欢迎模块

热销区

商品展示

图10-3
图10-4

欢迎模块： 在欢迎模块中使用了中间分布方法，商品和说明文字在中间均匀分布，互相映照，引人注目，给顾客留下深刻印象。

热销区： 使用3个大小相同的矩形块进行排放，图文对应，充分展现了商品的特点。

商品展示： 商品展示区分成不同系列，使用了大量的不同大小的矩形块进行展示，使商品的分类更加明确，不同大小也利于主次的区别。

生鲜果蔬店铺的配色分析

生鲜果蔬店铺的设计以清新自然为主。在这个实例子里，使用了大量的绿色和黄棕色作为页面的主色调，由此来营造出一种健康自然的感觉。除了色调的大统一外，在细节上也会使用商品本身的颜色，为页面增加一些亮点和点缀，如图10-5所示。

图10-5

10.2.2 休闲零食店铺分析

休闲零食店铺如图10-6所示，版式结构如图10-7所示。

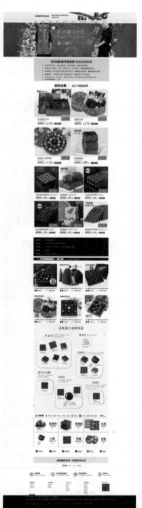

图10-6 　　　　图10-7

欢迎模块 ◀
热销推荐 ◀
商品展示 ◀
细节展示 ◀

欢迎模块： 欢迎模块使用了醒目的标题，将模特放置在左右两边，中间配上文字说明，整个模块显得充实。

热销推荐： 热销区中，使用了从上到下依次减小的10个矩形块整齐地排列，主次分明，给人一种节奏感和韵律感。

商品展示： 使用多个大小相同的矩形块将页面进行均匀的分割，显得非常整齐，完整地表现出了每个商品的特点和形象。

细节展示： 根据商品的不同种类进行单独介绍，内容更加完整。

休闲零食店铺的配色分析

此处分析的是巧克力店铺的设计，所以使用了大量的深棕色和浅棕色，表现了浓浓的巧克力色彩，再加上是新年的活动页面，所以在欢迎模块使用了大量的红色，营造出喜庆的气氛，橘色的使用则使页面多了鲜艳的点缀，如图10-8所示。

图10-8

10.2.3 饮品店铺分析

饮品店铺如图10-9所示，版式结构如图10-10所示。

欢迎模块： 在欢迎模块中，使用中心排放的方式，左右的宽幅页面可以扩展顾客的视野，中心配上大标题和文字说明，吸引顾客浏览。

活动区： 将商品依照环形排列的方式进行排放，显得新颖，商品周围配上文字说明，使内容更加丰满。

推荐区： 推荐区的商品根据主次决定大小进行排放，层次分明。

商品展示： 将商品均匀地分割为大小相同的矩形整齐排放，给人带来工整的视觉体验，使画面显得更充实饱满。

饮品店铺的配色分析

在饮品店铺的配色过程中，背景使用了大量的红色，用来营造秒杀活动的气氛，蓝色的使用使整个页面多了一丝清爽的感觉，亮黄色则醒目亮眼，如图10-11所示。

> **小提示**
>
> 由于食品的种类不同，店铺页面的配色重点也不同，但是颜色的搭配要统一。

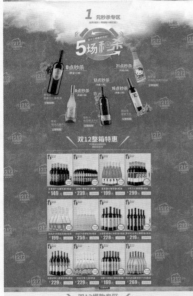

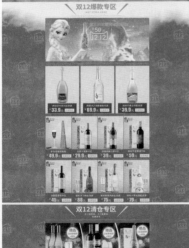

图10-9

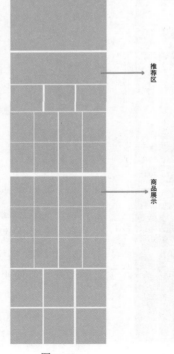

图10-10

图10-11

10.3 结构展示与配色分析

在了解了店铺的结构和配色之后，我们对结构和配色已经有了基本的认识，下面根据实际情况对本实例的结构和配色进行分析讲解。

10.3.1 结构展示与分析

结构展示与分析如图10-12所示。

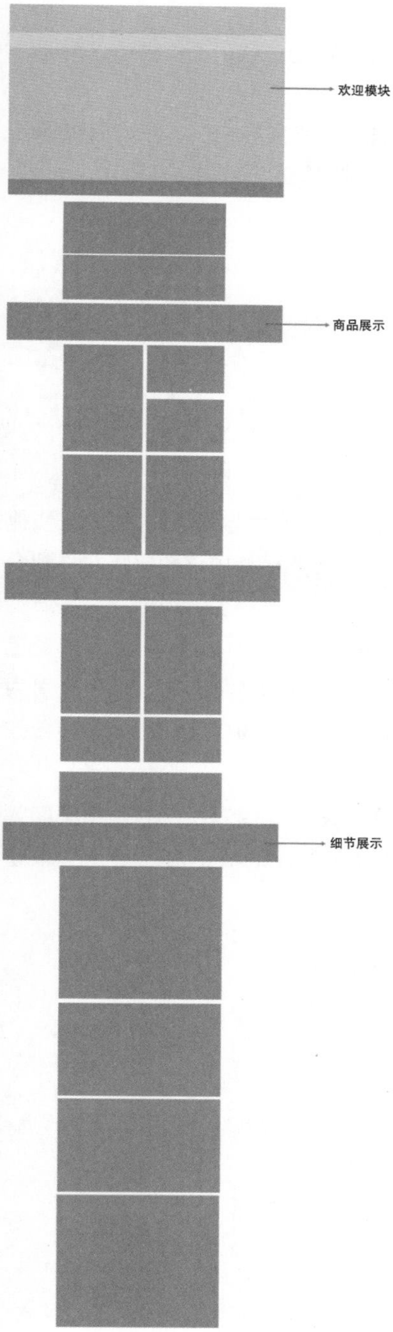

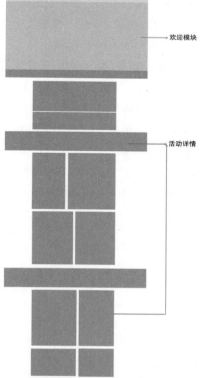

图10-12

欢迎模块：将较大的商品放在模块的左侧，较小的商品放在模块的右侧，活动信息内容放在中间靠右的位置，突出主题，结构上也相辅相成。使用粉红色和白色作为页面背景色奠定整个页面的色彩基调，通过白色底和粉红色文字形成对比。

商品展示：单个的商品使用不同大小的矩形进行整齐的排放，能够清晰完整地表现出每种商品的特点。

细节展示：将商品原料的局部以放大的形式突出表现出来，清晰的分类使内容更加精确，如图10-13所示。

欢迎模块：在欢迎模块中，文字说明和商品图片呈左右排放，相互对应，商品放大，吸引顾客的注意。

活动热销：该区域中使用不同大小的矩形框，将商品整齐排放，避免了呆板的感觉，给人一种节奏感和韵律感，适当的文字说明使内容更加丰满。

图10-13

10.3.2 店铺配色分析

本实例在配色过程中，使用了大量的不同层次的粉红色，给顾客带来可爱俏皮的视觉感受，具有吸引力，也能显示甜点的甜蜜可口。除此之外，还搭配使用了巧克力色和绿色，这两种颜色都取自商品本身的颜色，恰到好处的使用比例使各种颜色更好地融合在一起。设计元素配色如图10-14所示。

图10-14

设计和制作活动页的过程中，沿用了店铺首页的色彩，整个页面以粉红色和紫色为主。不同层次的紫色的运用使活动页面多了情人节浪漫神秘的气氛，黄色除了起到突出的作用外，还与紫色形成了对比，使颜色饱满。设计元素配色如图10-15所示。

图10-15

183

10.4　实现精巧甜品网店设计

本实例设计的是甜品网店的首页和活动页面，结合甜品素材，绘制了很多精巧可爱的图形作为装饰和搭配，颜色也偏于可爱的风格，给人一种甜蜜满满的感觉。

10.4.1　首页设计

01 启动Photoshop CS6，然后按快捷键Ctrl+N新建一个"食品类店铺首页设计"文件，具体参数设置如图10-16所示。

02 单击"椭圆工具" ⬭，然后在选项栏中设置"填充"颜色为（R:255，G:206，B:133）、"描边"为无，接着按住Shift键在绘图区左上角绘制正圆，如图10-17所示。

03 选中圆形图层，然后按快捷键Ctrl+Alt+T出现定界框时，再按住Shift键将图形水平向右拖曳，完成后按Enter键确认，接着按快捷键Shift+Ctrl+Alt+T复制多份，最后使用同样的方法再向下复制多份，如图10-18所示。

图10-16

图10-17

图10-18

04 选中图形图层，在图层面板上设置"不透明度"为8%，然后按快捷键Ctrl+J复制多个图层，接着使用"选择工具" ⬈选中该图层将它移到合适的位置，如图10-19所示。

05 使用选择"矩形选框工具" ▦绘制矩形选框，然后单击"渐变工具" ▣，在弹出的"渐变编辑器"中设置渐变颜色从左到右分别为（R:201，G:201，B:201）、白色、（R:201，G:201，B:201），接着按住Shift键拉出渐变，如图10-20所示。

06 执行"滤镜>杂色>添加杂色"菜单命令，然后设置"数量"为15%，接着在"分布"中选择"高斯分布"，最后单击"确定"按钮 ，如图10-21所示。

图10-19

图10-20

图10-21

07 使用"椭圆工具"◎按住Shift键绘制两个正圆，然后在选项栏中设置"填充"为无、"描边"为黑色，"描边宽度"为1点，再使用"选择工具"▶️将图形拖曳到合适的位置，如图10-22所示。

08 单击"钢笔工具"✍，在选项栏中设置"工具模式"为"形状"，然后在正圆里绘制对象，接着选中绘制的所有图形图层，按快捷键Ctrl+E合并形状，如图10-23所示。

图10-22 　　　　　　　　　　　　　　图10-23

09 使用"横排文字工具"⊤输入文本，然后设置"文本颜色"为（R:255，G:69，B:69），再选择设置的字体类型和字体大小，接着使用"选择工具"▶️将文本拖曳到合适的位置，如图10-24所示。

图10-24

10 使用"横排文字工具"⊤输入文本，然后用鼠标右键单击文本图层，在下拉菜单中选择"栅格化文本"命令，接着使用"矩形选框工具"▣框选出文本下半部分，再按Delete键删除选区内容，最后按快捷键Ctrl+D取消选区，如图10-25所示。

图10-25

11 单击"自定形状工具"🞂，然后在选项栏中设置"填充"颜色为（R:255，G:69，B:69）、"描边"为无、"形状"为"红心形卡"，如图10-26所示。接着在文本下绘制图形，如图10-27所示。

图10-26

图10-27

12 使用"横排文字工具"⊤输入文本，然后在选项栏中设置"字体"为"方正毡笔黑简体"、"字体大小"为18点、"文本颜色"为（R:58，G:58，B:58），如图10-28所示。

图10-28

13 使用"横排文字工具"⊤输入文本，然后在选项栏中设置"字体"为"Pristina"、"字体大小"为15点，接着使用"选择工具"▶️将文本拖曳到合适的位置，最后效果如图10-29所示。

图10-29

⓬ 单击"钢笔工具" ,然后在选项栏中设置"填充"颜色为(R:255,G:134,B:134),"描边"为无,接着绘制图形,再按快捷键Ctrl+E合并绘制的形状,如图10-30所示。

图10-30

⓭ 使用"横排文字工具" 输入文本,然后在选项栏中设置"字体"为"方正大标宋简体"、"字体大小"为12点、"文本颜色"为白色,接着使用"选择工具" 将文本拖曳到绘制的图形上,如图10-31所示。

图10-31

⓮ 完成上述操作后,然后选中步骤(5)所绘图层到步骤(15)所绘图层,再按快捷键Ctrl+G将图层成组,并将其命名为"店招"。

⓯ 单击"钢笔工具" ,然后在选项栏中设置"填充"颜色为(R:58,G:58,B:58),再绘制图形,如图10-32所示。

图10-32

⓰ 选中图层,然后按快捷键Ctrl+J将绘制的图形复制一份,再按快捷键Ctrl+T出现定界框时单击鼠标右键在下拉菜单中选择"水平翻转"命令进行调整,接着使用"选择工具" 将图形拖曳到合适的位置,如图10-33所示。

图10-33

⓱ 使用"矩形工具" 绘制矩形,在选项栏中设置"填充"颜色为(R:58,G:58,B:58),如图10-34所示。

图10-34

⓲ 使用"横排文字工具" 输入文本,然后在选项栏中设置"字体"为"方正中等线简体"、"字体大小"为12点、"文本颜色"为白色,接着使用"选择工具" 将文本分别拖曳到合适的位置,如图10-35所示。

首页有惊喜　情人节专场　所有宝贝　会员专区　买一送一　经典礼盒　品牌故事　手工新品

图10-35

⓳ 单击"椭圆工具" ,然后在选项栏中设置"填充"颜色为白色、"描边"为无,接着在文本间按住Shift键绘制多个正圆,如图10-36所示。

首页有惊喜　•　情人节专场　•　所有宝贝　•　会员专区　•　买一送一　•　经典礼盒　•　品牌故事　•　手工新品

图10-36

㉒ 使用"矩形工具"▢绘制矩形，然后在选项栏中设置"填充"颜色为（R:255，G:69，B:69），接着按快捷键Ctrl+J将图形复制一份，再设置"填充"颜色为（R:255，G:134，B:134），最后使用"选择工具"▸将图层移动到文本图层下方，如图10-37和图10-38所示。

图10-37

图10-38

㉓ 完成上述操作后，然后选中步骤（17）所绘图层到步骤（22）所绘图层，再按快捷键Ctrl+G将图层成组，并将其命名为"导航栏"。

㉔ 使用"矩形工具"▢绘制矩形，然后在选项栏中设置"填充"颜色为（R:255，G:214，B:213），如图10-39所示。

图10-39

㉕ 使用"矩形工具"▢绘制矩形，然后在选项栏中设置"填充"颜色为白色，再按快捷键Ctrl+T出现定界框时单击鼠标右键在下拉菜单中选择"斜切"命令进行调整，接着使用"选择工具"▸将图形拖曳到合适的位置，如图10-40所示。

㉖ 导入"素材文件>CH10>01.png~03.png"文件，使用"选择工具"▸将素材分别拖曳到合适的位置，如图10-41和图10-43所示。

图10-40

图10-41

图10-42

㉗ 双击素材图层，然后在弹出的"图层样式"中勾选"描边"，设置"大小"为8、"颜色"为（R:255，G:134，B:134），如图10-43所示。接着单击"确定"按钮 确定 ，其他素材使用同样的方法添加描边效果，效果如图10-44所示。

㉘ 选中素材，然后按快捷键Ctrl+J复制一份，再按快捷键Ctrl+T出现定界框时单击鼠标右键在下拉菜单中选择"水平翻转"命令，接着将对象进行缩放，最后使用"选择工具"▸将其拖曳到合适的位置，如图10-45所示。

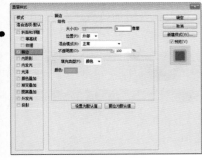

图10-43

图10-44

图10-45

㉙ 使用"横排文字工具" T.输入文本，在选项栏中设置"字体"为"方正大标宋简体"、"字体大小"为30点、"文本颜色"为（R:255，G:123，B:120），使用"选择工具" ►+将文本拖曳到合适的位置，如图10-46所示。

㉚ 选中图标图层，然后按快捷键Ctrl+J复制一份，然后按快捷键Ctrl+T出现定界框时单击鼠标右键在下拉菜单中选择选择"缩放"命令进行调整，接着使用"选择工具" ►+将复制的图标拖曳到合适的位置，如图10-47所示。

㉛ 使用"横排文字工具" T.输入文本，然后在选项栏中设置合适的字体大小和字体类型，如图10-48所示。

图10-46　　　　　　　　　　图10-47　　　　　　　　　　图10-48

㉜ 使用"横排文字工具" T.输入文本，然后在选项栏中设置"字体"为"方正细黑一"、"字体大小"为15点，接着使用"选择工具" ►+将文本拖曳到合适的位置，如图10-49所示。

㉝ 使用"横排文字工具" T.输入文本，然后在选项栏中设置"字体"为"方正清刻本悦宋简体"、"字体大小"为30点，接着使用"选择工具" ►+将文本拖曳到合适的位置，如图10-50所示。

㉞ 使用"横排文字工具" T.输入文本，然后在选项栏中设置"字体"为"方正兰亭中黑简体"、"字体大小"为16点、"文本颜色"为白色，接着使用"选择工具" ►+将文本拖曳到合适的位置，如图10-51所示。

图10-49　　　　　　　　　　图10-50　　　　　　　　　　图10-51

㉟ 完成上述操作后，然后选中步骤（24）所绘图层到步骤（34）所绘图层，再按快捷键Ctrl+G将图层成组，并将其命名为"海报"。

㊱ 使用"矩形工具" ▣.绘制矩形，在选项栏中设置"填充"颜色为（R:255，G:123，B:120），如图10-52所示。

㊲ 单击"圆角矩形工具" ▣.，然后在选项栏中设置"填充"为无、"描边"为白色、"描边宽度"为2点，接着在矩形上绘制圆角矩形，如图10-53所示。

㊳ 使用"横排文字工具" T.输入文本，然后在选项栏中设置"字体"为"方正清刻本悦宋简体"、"字体大小"为25点、"文本颜色"为白色，接着使用"选择工具" ►+将文本拖曳到合适的位置，如图10-54所示。

图10-52　　　　　　　　　　图10-53　　　　　　　　　　图10-54

39 导入 "素材文件>CH10>04.png" 文件，然后按快捷键Ctrl+J将素材复制多份，再使用 "选择工具" 将素材分别拖曳到合适的位置，如图10-55所示。

40 单击 "椭圆工具"，然后在选项栏中设置 "填充" 颜色为白色、"描边" 为无，接着按Shift键绘制正圆，再按快捷键Ctrl+J复制多份，使用 "选择工具" 将正圆分别拖曳到合适的位置，如图10-56所示。

图10-55　　　　　　　　　　图10-56

41 完成上述操作后，然后选中步骤（36）所绘图层到步骤（40）所绘图层，再按快捷键Ctrl+G将图层成组，并将其命名为 "客服区"。

42 使用 "钢笔工具" 进行绘制，然后在选项栏中设置 "描边" 为黑色、"描边宽度" 为2点，接着使用 "选择工具" 将图形拖曳到合适的位置，如图10-57所示。

43 双击图形图层，然后在弹出的 "图层样式" 中勾选 "投影"，设置 "不透明度" 为23、"距离" 为12、"扩展" 为4、"大小" 为40，再单击 "确定" 按钮，如图10-58所示。

图10-57　　　　　　　　　　图10-58

44 按快捷键Ctrl+J复制图层，然后按快捷键Ctrl+T出现定界框时单击鼠标右键在下拉菜单中选择选择 "缩放" 命令进行调整，接着在复制图层上单击鼠标右键在下拉菜单栏中选择 "清除图层样式" 命令，再使用 "选择工具" 将复制图形拖曳到合适的位置，如图10-59所示。

45 使用 "横排文字工具" 输入文本，然后在选项栏中设置 "字体" 为 "方正清刻本悦宋简体"、"字体大小" 为25点、"文本颜色" 为（R:0，G:74，B:121），接着使用 "选择工具" 将文本拖曳到合适的位置，如图10-60所示。

46 使用 "横排文字工具" 输入文本，然后在选项栏中设置 "字体" 为 "方正细圆"、"字体大小" 为13点、"文本颜色" 为黑色，接着使用 "选择工具" 将文本拖曳到合适的位置，如图10-61所示。

图10-59　　　　　　　　图10-60　　　　　　　　图10-61

47 完成上述操作后，然后选中步骤（42）所绘图层到步骤（46）所绘图层，再按快捷键Ctrl+G将图层成组，并将其命名为 "公告栏"。

48 导入 "素材文件>CH10>03.png" 文件，然后双击素材图层，在弹出的 "图层样式" 对话框中勾选 "外发光"，接着设置 "混合模式" 为 "溶解"、"不透明度" 为31、"颜色" 为白色、"大小" 为10像素，再单击 "确定" 按钮，最后将素材拖曳到合适的位置，如图10-62所示。

图10-62

㊾ 使用"横排文字工具" T 输入文本，接着在选项栏中设置"字体"为"方正姚体"、"字体大小"为20点、"文本颜色"为（R:57，G:24，B:56），然后使用"选择工具" 将文本拖曳到合适的位置，如图10-63所示。

㊿ 使用"横排文字工具" T 输入文本，然后在选项栏中设置"字体"为"方正细黑"、"字体大小"为10点，接着使用"选择工具" 将文本拖曳到合适的位置，如图10-64所示。

51 使用"横排文字工具" T 输入文本，然后在选项栏中设置"字体"为"方正清刻本悦宋简体"、"字体大小"为25点、"文本颜色"为（R:0，G:74，B:121），接着使用"选择工具" 将文本拖曳到合适的位置，如图10-65所示。

图10-63

图10-64

图10-65

52 单击"自定形状工具" ，然后在选项栏中设置"填充"颜色为（R:0，G:74，B:121）、"描边"为无、"形状"为"红心形卡"，在文本间绘制对象，如图10-66所示，

53 单击"圆角矩形工具" ，然后在选项栏中设置"填充"颜色为（R:221，G:221，B:221）、"描边"为无、"半径"为5像素，在文本下绘制对象，接着双击图层，在"图层样式"中勾选"外发光"，设置"混合模式"为"正常"、"不透明度"为79、"颜色"为（R:90，G:24，B:0）、"大小"为16，最后单击"确定"按钮 确定 ，如图10-67所示。

图10-66

图10-67

54 使用"圆角矩形工具" 在圆角上绘制对象，然后在选项栏中设置"填充"颜色为（R:49，G:13，B:0），如图10-68所示。接着按快捷键Ctrl+J复制一份，在选项栏中设置"填充"颜色为（R:87，G:47，B:0），再使用"选择工具" 调整复制对象位置，如图10-69所示。

55 使用"横排文字工具" T 输入文本，然后在选项栏中设置"字体"为"方正兰亭中黑"、"字体大小"为18点、"文本颜色"为白色，接着使用"选择工具" 将文本拖曳到合适的位置，如图10-70所示。

图10-68

图10-69

图10-70

56 完成上述操作后，然后选中步骤（48）所绘图层到步骤（55）所绘图层，再按快捷键Ctrl+G将图层成组，并将其命名为"推荐区"。

57 使用"矩形工具" 绘制矩形，然后在选项栏中设置"填充"为白色、"描边"为无，接着双击图层，在弹出的"图层样式"中勾选"投影"，设置"不透明度"为23、"距离"为12、"扩展"为4、"大小"为40，最后单击"确定"按钮 **确定** ，如图10-71所示。

图10-71

58 按快捷键Ctrl+J复制图层，然后按快捷键Ctrl+T出现定界框时单击鼠标右键在下拉菜单中选择"缩放"命令进行调整，接着使用"选择工具" 将图形拖曳到合适的位置，如图10-72所示。

图10-72

59 导入"素材文件>CH10>05.png、06.png"文件，接着使用"选择工具" 将素材分别拖曳到合适的位置，如图10-73和图10-74所示。

图10-73

图10-74

60 按快捷键Ctrl+J复制"商标"，然后使用"选择工具" 将其拖曳到合适的位置，如图10-75所示。

61 选择"直线工具" 按住Shift键绘制一条直线，然后在选项栏中设置"描边"为黑色、"描边宽度"为1点，接着按快捷键Ctrl+J复制图层，使用"选择工具" 将直线拖曳到合适的位置，如图10-76所示。

图10-75

图10-76

62 使用"横排文字工具" 输入文本，然后在选项栏中设置"字体"为"Impact"、"字体大小"为30点、"文本颜色"为黑色，如图10-77所示。

63 使用"矩形工具" 绘制矩形，然后在选项栏中设置"填充"为无、"描边"为黑色、"描边宽度"为3点，接着使用"选择工具" 将图形拖曳到合适的位置，如图10-78所示。

图10-77

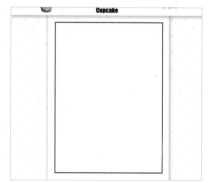

图10-78

64 导入"素材文件＞CH10＞07.png~11.png"文件，然后使用"选择工具" ➤ 将素材分别拖曳到合适的位置，如图10-79~图10-83所示。

图10-79

图10-80

图10-81

图10-82

图10-83

65 使用"矩形工具" ▢ 绘制矩形，在选项栏中设置"填充"为（R:238，G:238，B:238）、"描边"为无，使用"选择工具" ➤ 将图形拖曳到合适的位置，如图10-84所示。

66 使用"椭圆工具" ◉ 按住Shift键在矩形上绘制正圆，在选项栏中设置"填充"为黑色、"描边"为无，如图10-85所示。使用"自定形状工具" ⬚ 在正圆内绘制红心形，然后在选项栏中设置"填充"颜色为（R:255，G:69，B:69）、"描边"为无，如图10-86所示。

图10-84

图10-85

图10-86

67 使用"横排文字工具" Ⓣ 输入文本，然后分别选中文本，设置合适的字体类型、字体大小和字体颜色，如图10-87所示。

68 使用"横排文字工具" Ⓣ 输入文本，然后在选项栏中设置"字体"为"迷你简粗仿宋"、"字体大小"为12点、"文本颜色"为（R:24，G:86，B:129），接着使用"选择工具" ➤ 将文本拖曳到合适的位置，如图10-88所示。

图10-87

图10-88

69 完成上述操作后，在图层面板下方单击 ▭ 按钮，创建新组，使用"选择工具" ▸₊ 选中步骤（65）所绘图层到步骤（68）所绘图层，将它移到组内并命名为"价格"。

70 使用"选择工具" ▸₊ 选中价格图层，按快捷键Ctrl+J复制4个，并进行修改，然后将其移动到合适位置，如图10-89所示。

71 完成上述操作后，然后选中步骤（58）所绘图层到步骤（70）所绘图层，再按快捷键Ctrl+G将图层成组，并将其命名为"纸杯蛋糕"。

72 选中所绘制的图层，按快捷键Ctrl+J复制缩放一份，再使用"选择工具" ▸₊ 选中复制的图层将它们拖曳到合适的位置，如图10-90所示。

图10-89

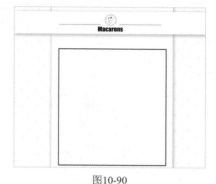

图10-90

73 导入"素材文件>CH10>12. png、13.png"文件，使用"选择工具" ▸₊ 将素材分别拖曳到合适的位置，如图10-91和图10-92所示。

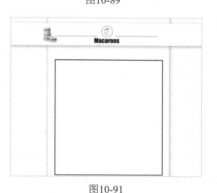

图10-91

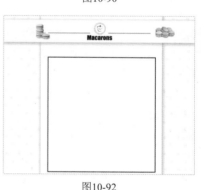

图10-92

74 导入"素材文件>CH10>.png14~17.png"文件，使用"选择工具" ▸₊ 将素材分别拖曳到合适的位置，如图10-93~图10-96所示。

图10-93

图10-94

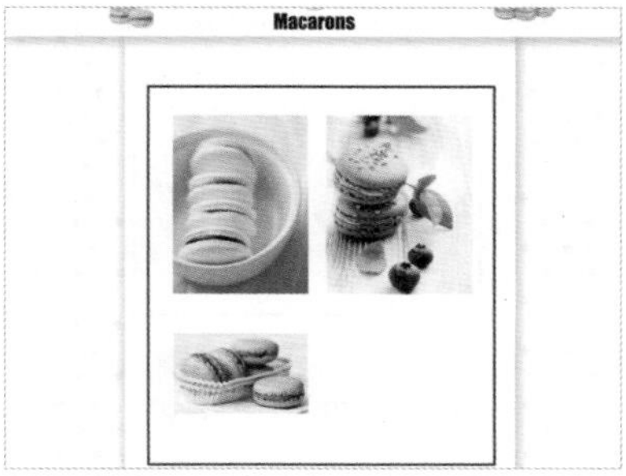

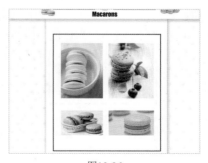

图10-95

图10-96

75 选中"纸杯蛋糕"组内的价格图层，按快捷键Ctrl+J将图层复制4份，再将文本进行修改，并将其分别拖曳到合适位置，如图10-97所示。

76 导入"素材文件>CH10>02.png"文件，将其拖曳到合适的位置，然后双击素材图层，在弹出的"图层样式"中勾选"外发光"，设置"混合模式"为溶解、颜色为（R:136，G:37，B:73）、"大小"为10，单击"确定"按钮 确定 ，如图10-98所示。

77 使用"横排文字工具" T 输入文本，然后在选项栏中设置"字体"为"方正姚体"、"字体大小"为20点、"文本颜色"为（R:215，G:6，B:75），再将其拖曳到合适位置，如图10-99所示。

图10-97

图10-98

图10-99

78 使用"横排文字工具" T 输入文本，然后在选项栏中设置"字体"为"方正细黑"、"字体大小"为10点，接着使用"选择工具" 将文本拖曳到合适的位置，如图10-100所示。

79 使用"横排文字工具" T 输入文本，然后在选项栏中设置"字体"为"方正清刻本悦宋简体"、"字体大小"为25点、"文本颜色"为（R:0，G:74，B:121），接着使用"选择工具" 将文本拖曳到合适的位置，如图10-101所示。

80 使用"圆角矩形工具" 在文本下绘制对象，然后在选项栏中设置"填充"颜色为（R:221，G:221，B:221），接着双击图层，在弹出的"图层样式"中勾选"外发光"，设置"混合模式"为正常、"不透明度"为79、颜色为（R:255，G:92，B:98）、"大小"为16，最后单击"确定"按钮 确定 ，如图10-102所示。

图10-100

图10-101

图10-102

81 使用"圆角矩形工具" 在圆角矩形中绘制对象，然后在选项栏中设置"填充"颜色为（R:208，G:135，B:138），如图10-103所示。接着将图形复制一份，设置"填充"颜色为（R:242，G:156，B:159），将图形向左上拖曳，如图10-104所示。

82 使用"横排文字工具" T 输入文本，然后在选项栏中设置"字体"为"方正兰亭中黑"、"字体大小"为18点、"文本颜色"为白色，接着使用"选择工具" 将文本拖曳到合适的位置，如图10-105所示。

图10-103

图10-104

图10-105

83 完成上述操作后，然后选中步骤（76）所绘图层到步骤（82）所绘图层，再按快捷键Ctrl+G将图层成组，并将其命名为"推荐区"，最终效果如图10-106所示。

图10-106

10.4.2 活动页设计

01 启动Photoshop CS6，然后按快捷键Ctrl+N新建一个"食品类店铺活动页的设计"文件，具体参数设置如图10-107所示。

图10-107

02 单击"自定形状工具" 📷，然后在选项栏中设置"填充"颜色为（R:155，G:0，B:178）、"描边"为无、"形状"为"红心形卡"，如图10-108所示。接着在绘图区左上角绘制对象，如图10-109所示。

图10-108

图10-109

03 选中圆形图层，然后按快捷键Ctrl+Alt+T出现定界框时，再按住Shift键将图形水平向右拖曳，完成后按Enter键确认，接着按快捷键Shift+Ctrl+Alt+T复制多份，最后使用同样的方法再向下复制多份，如图10-110所示。

图10-110

04 完成上述操作后，在图层面板中设置"不透明度"为3%，然后按快捷键Ctrl+J复制多个图层，接着使用"选择工具" 📷将图像垂直向下拖曳，如图10-111所示。

图10-111

05 打开"实例文件>CH10>食品类店铺活动页的设计.psd"文件，然后选中店招、导航条、客服区和公告栏组图层，接着使用"选择工具" ▶ 将图层拖曳到新建文件中，再分别拖曳到合适的位置，如图10-112所示。

06 使用"自定形状工具" ᔧ 绘制红心形，然后在选项栏中设置"填充"颜色为白色、"描边"为无，接着双击图层，在弹出的"图层样式"中勾选"外发光"，设置"混合模式"为正常、"颜色"为（R:255，G:123，B:120）、"扩展"为19，"大小"为68，最后将图层移动到导入图层组下方，如图10-113所示。

07 导入"素材文件>CH10>18.png"文件，然后使用"选择工具" ▶ 将图像拖曳到合适的位置并将图层移动到导入图层组下方，如图10-114所示。

图10-112

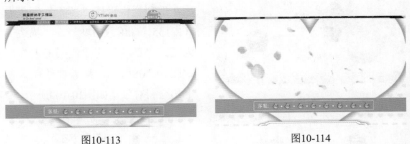

图10-113　　　　　　　　　　　图10-114

08 使用"横排文字工具" T 输入文本，然后在选项栏中设置"字体"为"方正兰亭中黑"、"文本颜色"为（R:255，G:123，B:120），再分别设置合适的字体大小，如图10-115所示。

09 使用"横排文字工具" T 输入文本，然后在选项栏中设置"字体"为"方正清刻本悦宋"，再分别设置合适的字体大小，如图10-116所示。

图10-115　　　　　　　　　　　图10-116

10 使用"矩形工具" ▭ 绘制矩形，在选项栏中设置"填充"颜色为（R:255，G:66，B:61）、"描边"为无，如图10-117所示。

11 使用"横排文字工具" T 在矩形内输入文本，然后在选项栏中设置"字体"为"方正兰亭中黑"、"字体大小"为18点、"文本颜色"为白色，如图10-118所示。

图10-117　　　　　　　　　　　图10-118

⓬ 使用"横排文字工具"[T]输入文本，在选项栏中设置"字体"为"方正清刻本悦宋"、"字体大小"为25点，然后使用"选择工具"[▶]将文本拖曳到合适的位置，如图10-119所示。

⓭ 导入"素材文件>CH10>19.png、20.png"文件，使用"选择工具"[▶]分别将素材拖曳到合适的位置，如图10-120和图10-121所示。

图10-119　　　　　　　　　　　　图10-120　　　　　　　　　　　　图10-121

⓮ 双击素材图层，然后在弹出的"图层样式"中勾选"描边"，设置"大小"为10像素、颜色为（R:255，G:134，B:134），再单击"确定"[确定]按钮，如图10-122所示。

⓯ 使用"横排文字工具"[T]输入文本，接着在选项栏中设置"字体"为"方正兰亭中黑"、"字体大小"为18点、"文本颜色"为（R:255，G:123，B:120），如图10-123所示。

⓰ 使用"横排文字工具"[T]输入文本，设置"字体"为"迷你简毡笔黑"，再分别设置字体颜色为（R:255，G:123，B:120）和黑色，如图10-124所示。

图10-122　　　　　　　　　　　　图10-123　　　　　　　　　　　　图10-124

⓱ 使用"矩形工具"[□]绘制矩形，然后在选项栏中设置"填充"为无、"描边"为（R:248，G:233，B:68）、"描边宽度"为5点，如图10-125所示。

⓲ 使用"矩形工具"[□]绘制矩形，在选项栏中设置"填充"颜色为（R:101，G:0，B:178），再使用"选择工具"[▶]将图形拖曳到合适的位置，如图10-126所示。

⓳ 使用"横排文字工具"[T]输入文本，在选项栏中设置"字体"为"Impact"、"字体大小"为30点、"文本颜色"为白色，如图10-127所示。

图10-125　　　　　　　　　　　　图10-126　　　　　　　　　　　　图10-127

⓴ 使用"横排文字工具"[T]输入文本，在选项栏中设置"文本颜色"为白色，再分别设置合适的字体类型和字体大小，如图10-128所示。

图10-128

21 使用"横排文字工具" 输入文本，在选项栏中设置"字体"为"方正清刻本悦宋"，再分别设置合适的字体大小，如图10-129所示。

22 使用"横排文字工具" 输入文本，在选项栏中设置"字体大小"为30点、"文本颜色"为（R:0，G:74，B:121），如图10-130所示。

图10-129

图10-130

23 完成上述操作后，然后选中步骤（17）所绘图层到步骤（22）所绘图层，再按快捷键Ctrl+G将图层成组，并将其命名为"代金券"。

24 选中"代金券"组，然后按快捷键Ctrl+J复制两份，再分别将复制组水平向右拖曳，如图10-131所示。

图10-131

25 选中中间"代金券"图层组的矩形边框，在选项栏中设置"填充"颜色为（R:101，G:0，B:178），然后选中图层组的矩形，在选项栏中设置"填充"颜色为（R:248，G:233，B:68），如图10-132所示。

图10-132

26 使用"横排文字工具" 选中中间组文本，设置"文本颜色"为（R:101，G:0，B:178），再修改文本内容，如图10-133所示。

图10-133

27 选中右边"代金券"图层组的矩形边框，在选项栏中设置"填充"颜色为（R:255，G:123，B:120），然后选中图层组的矩形，在选项栏中设置"填充"颜色为（R:255，G:66，B:61），如图10-132所示。

图10-134

28 使用"横排文字工具" 选中右边组文本，修改文本内容，如图10-133所示。

图10-135

29 使用"矩形工具" 绘制矩形，然后在选项栏中设置"填充"颜色为白色，接着双击图层，在弹出的"图层样式"中勾选"外发光"，设置"混合模式"为正常、"不透明度"为20、"颜色"为（R:252，G:16，B:255）、"扩展"为19，"大小"为68，最后单击"确定"按钮 确定 ，如图10-136所示。

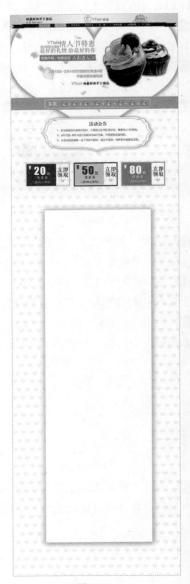

图10-136

㉚ 按快捷键Ctrl+J复制图层，然后按快捷键Ctrl+T出现定界框时单击鼠标右键在下拉菜单栏中选择"缩放"菜单命令，进行调整，接着使用"选择工具" ⊞选中图层将它移到合适的位置，效果如图10-137所示。

㉛ 导入"素材文件>CH10>21.png、22.png"文件，使用"选择工具" ⊞将素材分别拖曳到合适的位置，如图10-138和图10-139所示。

图10-137

图10-138

图10-139

㉜ 按快捷键Ctrl+J复制"商标"图层，使用"选择工具" ⊞将图形拖曳到合适的位置，如图10-140所示。

㉝ 选择"直线工具" ⊘按住Shift键绘制一条直线，然后在选项栏中设置"描边"为黑色、"描边宽度"为1点，接着按快捷键Ctrl+J复制图层，使用"选择工具" ⊞将直线拖曳到合适的位置，如图10-141所示。

㉞ 使用"横排文字工具" Ⓣ输入文本，然后在选项栏中设置"字体"为"方正兰亭中黑"、"字体大小"为20点、"文本颜色"为（R:255，G:123，B:120），如图10-142所示。

图10-140

图10-141

图10-142

㉟ 使用"矩形工具" ▣绘制矩形，然后在选项栏中设置"填充"为无、"描边"为（R:255，G:123，B:120）、"描边宽度"为3点，再使用"选择工具" ⊞将图形拖曳到合适的位置，如图10-143所示。

㊱ 导入"素材文件>CH10>23.png~25.png"文件，使用"选择工具" ⊞将素材分别拖曳到合适的位置，如图10-144~图10-146所示。

图10-143

图10-144

图10-145

图10-146

37 使用"矩形工具"□绘制矩形，在选项栏中设置"填充"为（R:255，G:123，B:120）、"描边"为无，使用"选择工具"▶将图形拖曳到合适的位置，如图10-147所示。

38 使用"横排文字工具"T输入文本，然后在选项栏中设置"字体"为"方正清刻本悦宋"、"字体大小"为35点、"文本颜色"为白色，如图10-48所示。

39 使用"横排文字工具"T输入文本，然后在选项栏中设置"字体"为"方正清刻本悦宋"、"字体大小"为18点、"文本颜色"为（R:0，G:74，B:121），如图10-149所示。

图10-147　　　　　　　　　　　　图10-148　　　　　　　　　　　　图10-149

40 使用"横排文字工具"T输入文本，然后在选项栏中设置"字体"为"方正中等线"、"字体大小"为15点、"文本颜色"为白色，如图10-150所示。

41 使用"横排文字工具"T输入文本，然后在选项栏中设置"字体大小"为18点、"文本颜色"为（R:255，G:250，B:120），再输入文本，设置"字体大小"为30点、"文本颜色"为白色，如图10-151所示。

42 使用"矩形工具"□绘制矩形，在选项栏中设置"填充"为白色、"描边"为无，再使用"选择工具"▶将图形拖曳到合适的位置，如图10-152所示。

图10-150　　　　　　　　　　　　图10-151　　　　　　　　　　　　图10-152

43 使用"横排文字工具"T输入文本，然后在选项栏中设置"字体"为"方正清刻本悦宋"、"字体大小"为30点、"文本颜色"为（R:255，G:88，B:85），如图10-153所示。

44 使用"横排文字工具"T输入文本，然后在选项栏中设置"字体"为"方正清刻本悦宋"、"字体大小"为18点、"文本颜色"为（R:0，G:74，B:121），如图10-154所示。

45 使用"横排文字工具"T输入文本，然后在选项栏中设置"字体"为"方正中等线"、"字体大小"为15点、"文本颜色"为（R:255，G:88，B:85），如图10-155所示。

图10-153　　　　　　　　　　　　图10-154　　　　　　　　　　　　图10-155

46 使用"矩形工具" ▣ 绘制矩形，然后在选项栏中设置"填充"颜色（R:248，G:233，B:68）、"描边"为无，接着在图层面板设置"不透明度"为55%，如图10-156所示。

47 使用"椭圆工具" ◎ 按住Shift键在矩形上绘制正圆，在选项栏中设置"填充"为黑色、"描边"为无，使用"自定形状工具" ◈ 在正圆内绘制红心形，然后在选项栏中设置"填充"颜色为（R:255，G:69，B:69）、"描边"为无，如图10-157所示。

图10-156

图10-157

48 使用"横排文字工具" T 输入文本，然后分别选中文本，设置合适的字体类型、字体大小和字体颜色，如图10-158所示。

49 选中步骤（44）到步骤（48）所绘图层，然后按快捷键Ctrl+J复制一份，然后将复制的对象水平向右进行拖曳，如图10-159所示。

50 使用"横排文字工具" T ，选中文本内容并进行修改，如图10-160所示。

图10-158

图10-159

图10-160

51 按快捷键Ctrl+J复制步骤（30）所绘图层，然后垂直向下拖曳到合适的位置，接着导入"素材文件>CH10>26.png、27.png"文件，再使用"选择工具" ▸• 将素材分别拖曳到合适的位置，如图10-161和图10-162所示。

52 按快捷键Ctrl+J复制步骤（32）到步骤（33）所绘图层，然后使用"选择工具" ▸• 将其拖曳到合适的位置，如图10-163所示。

图10-161

图10-162

图10-163

53 使用"横排文字工具" T 输入文本，然后在选项栏中设置"字体"为"方正兰亭中黑"、"字体大小"为20点。"文本颜色"为（R:255，G:123，B:120），如图10-164所示。

图10-164

54 使用"矩形工具" ▢ 绘制矩形，然后在选项栏中设置"填充"为无、"描边"为（R:255，G:123，B:120）、"描边宽度"为3点，接着使用"选择工具" ▶ 将图形拖曳到合适的位置，如图10-165所示。

图10-165

55 导入"素材文件>CH10>28.png~30.png"文件，使用"选择工具" ▶ 将素材分别拖曳到合适的位置，如图10-166~图10-168所示。

图10-166

图10-167

56 按快捷键Ctrl+J复制步骤（37）到步骤（50）所绘制的图层，然后使用"选择工具" ▶ 将其拖曳到合适的位置，接着使用"横排文字工具" T 修改文本内容，如图10-169所示，最终效果如图10-170所示。

图10-168

图10-169

图10-170

10.4.3 描述页设计

01 启动Photoshop CS6，然后按快捷键Ctrl+N新建一个"食品类宝贝描述页的设计"文件，具体参数设置如图10-171所示。

图10-171

02 打开"实例文件>CH10>食品类店铺活动页的设计.psd"文件，然后选中文件中步骤（2）到步骤（4）、步骤（57）到步骤（58）、步骤（60）到步骤（61）所绘图层，接着使用"选择工具" 将图层拖曳到新建文件中，再将其分别拖曳到合适的位置，如图10-112所示。

图10-172

03 使用"横排文字工具" 输入文本，然后在选项栏中设置"字体"为"方正大黑"、"字体大小"为25点、"文本颜色"为黑色，如图10-173所示。

图10-173

04 导入"素材文件>CH10>26.png、27.png、01.png、03.png"文件，使用"选择工具" 分别选中素材拖曳到合适的位置，如图10-174到图10-177所示。

图10-174

图10-175

图10-176

图10-177

05 分别双击素材图层，然后在弹出的"图层样式"中勾选"投影"，设置"不透明度"为45%、"距离"为4、"大小"为6，再单击"确定"按钮 ，如图10-178所示。

图10-178

06 使用"钢笔工具" 绘制图形，然后在选项栏中设置"填充"颜色为（R:255，G:123，B:120）、"描边"为白色、"描边宽度"为4点，接着使用"选择工具" 将图形拖曳到合适的位置，如图10-179所示。

图10-179

07 双击图形图层，然后在弹出的"图层样式"中勾选"描边"，设置"大小"为10像素、颜色为（R:255，G:123，B:120），接着单击"确定"按钮 确定，如图10-180所示。

08 使用"横排文字工具"输入文本，然后在选项栏中设置"字体"为"方正中等线"、"字体大小"为10点、"文本颜色"为白色，接着使用"选择工具"将文本拖曳到合适位置，效果如图10-181所示。

09 使用"钢笔工具"进行绘制，然后在选项栏中设置"填充"颜色为（R:255，G:123，B:120）、"描边"为无，再使用"选择工具"拖曳到合适位置，如图10-182所示。

图10-180

图10-181

图10-182

10 使用"横排文字工具"输入文本，然后在选项栏中设置"字体"为"方正姚体"、"字体大小"为18点、"文本颜色"为（R:255，G:123，B:120），接着使用"选择工具"将文本拖曳到合适位置，如图10-183所示。

11 使用"横排文字工具"输入文本，然后在选项栏中设置"字体"为"复制清刻本悦宋"、"字体大小"为30点、"文本颜色"为（R:255，G:79，B:79），接着使用"选择工具"将文本拖曳到合适位置，如图10-184所示。

图10-183

图10-184

12 使用"椭圆工具"按住Shift键绘制正圆，然后在选项栏中设置"填充"为无、"描边"为（R:46，G:214，B:157）、"描边宽度"为4.5点、"线型"为"虚线"，如图10-185所示，接着使用"选择工具"将图形拖曳到合适的位置，如图10-186所示。

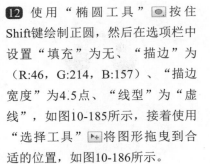

图10-185

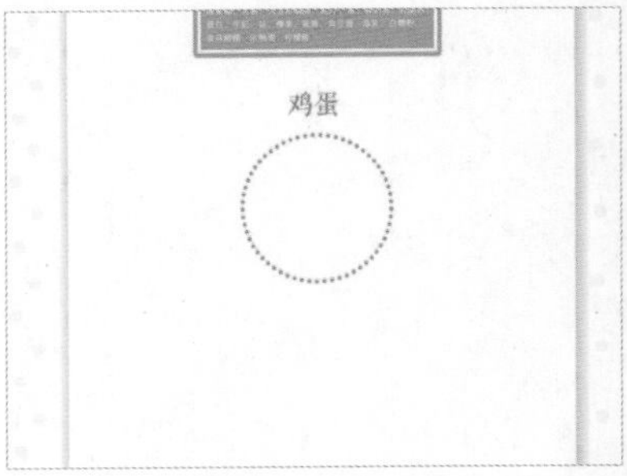

图10-186

13 导入"素材文件>CH10>31.png"文件，使用"选择工具"将素材拖曳到正圆内，如图10-187所示。

14 双击素材图层，然后在弹出的"图层样式"中勾选"投影"，设置"不透明度"为17%、"角度"为90度、"大小"为8，再单击"确定"按钮 确定，如图10-188所示。

图10-187

图10-188

15 单击“钢笔工具”，然后在选项栏中设置“填充”为无、“描边”为黑色、“描边宽度”为1点、“线型”为“虚线”，如图10-189所示，接着在合适的位置绘制几条线段，如图10-190所示。

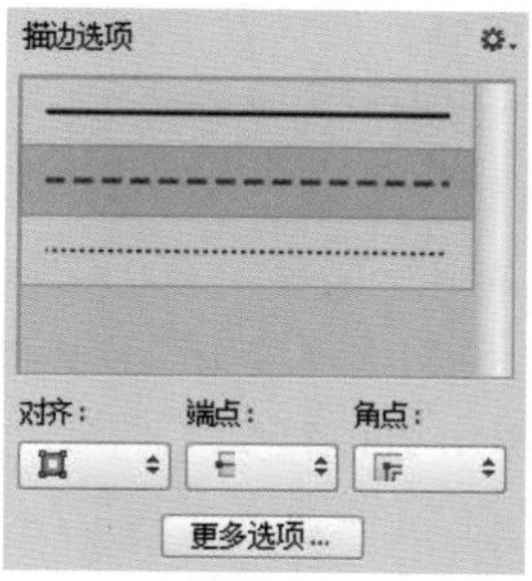

图10-189

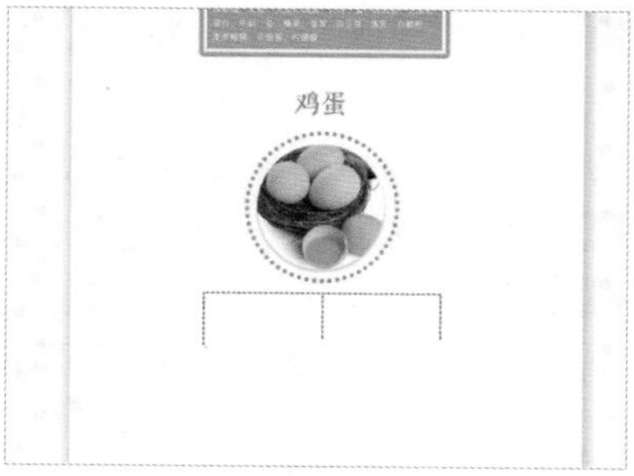

图10-190

16 使用“椭圆工具”按住Shift键绘制正圆，在选项栏中设置“填充”颜色为黑色、“描边”为无，再使用“选择工具”将其拖曳到合适的位置，如图10-191所示。

17 按快捷键Ctrl+J复制两份正圆，使用“选择工具”分别将复制的对象水平向右拖曳到合适的位置，如图10-192所示。

18 使用“矩形工具”绘制矩形，然后在选项栏中设置“填充”为（R:255，G:123，B:120）、“描边”为无，再使用“选择工具”将其拖曳到合适的位置，如图10-193所示。

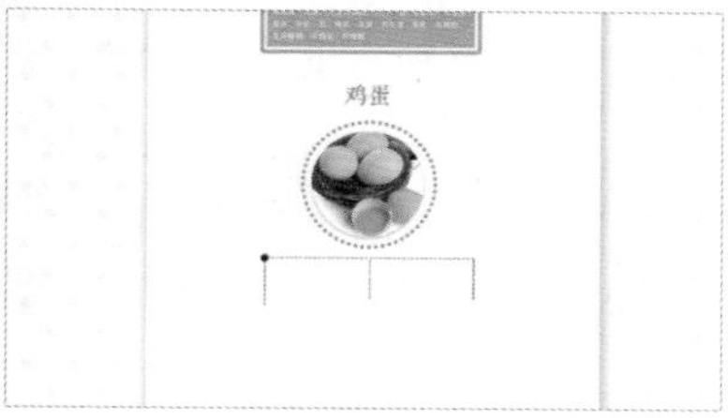

图10-191

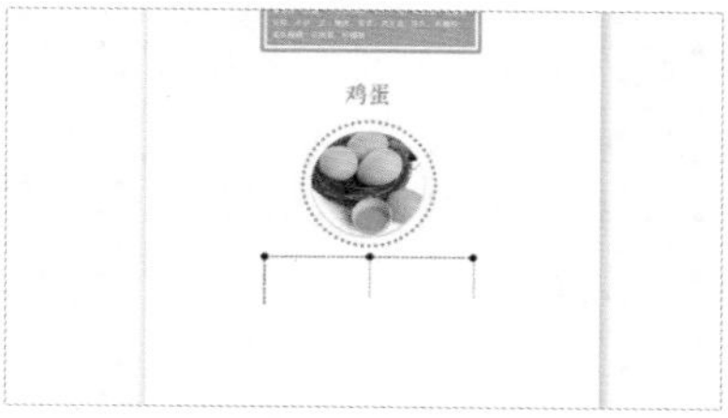

图10-192

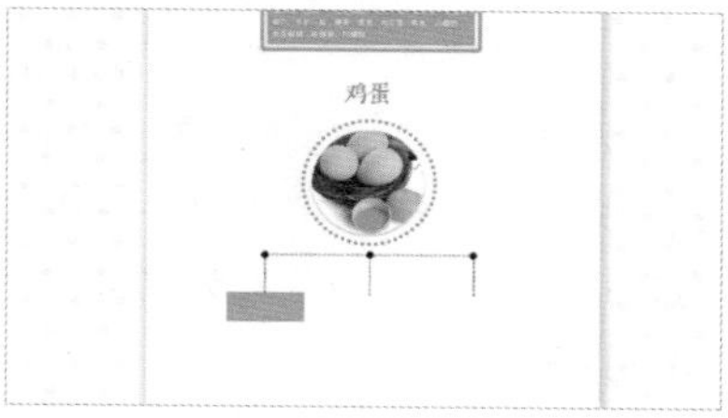

图10-193

19 按快捷键Ctrl+J复制两份矩形，使用“选择工具”分别将复制的对象水平向右拖曳到合适的位置，如图10-194所示。

20 使用“横排文字工具”输入文本，然后在选项栏中设置“字体”为“方正兰亭中黑”、“字体大小”为15点、“文本颜色”为白色，接着使用“选择工具”将其拖曳到合适位置，如图10-195所示。

21 使用“横排文字工具”输入文本，然后在选项栏中设置“字体”为“方正兰亭黑”、“字体大小”为15点、“文本颜色”为（R:255，G:123，B:120），接着使用“选择工具”将其拖曳到合适位置，如图10-196所示。

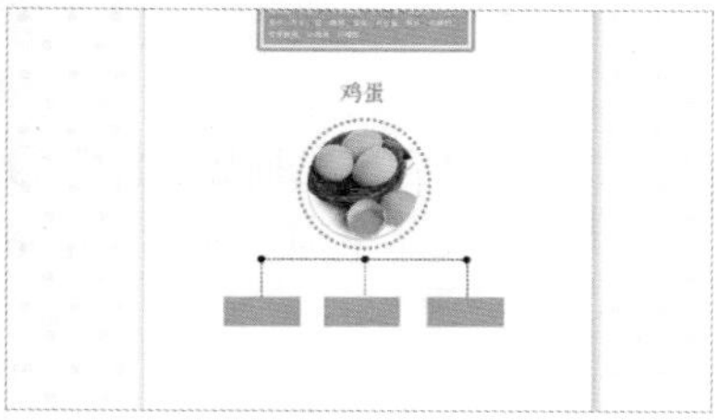

图10-194

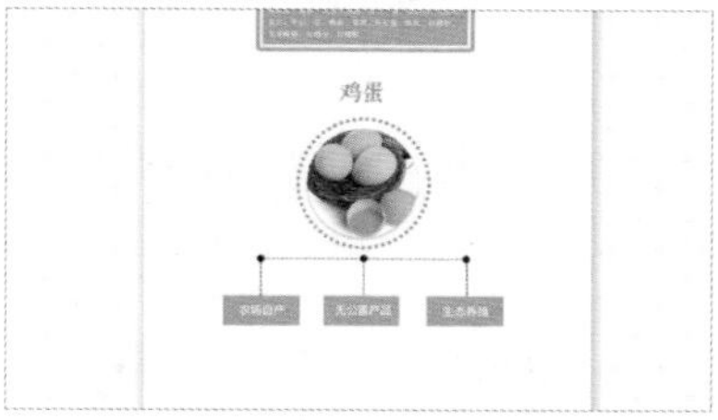

图10-195

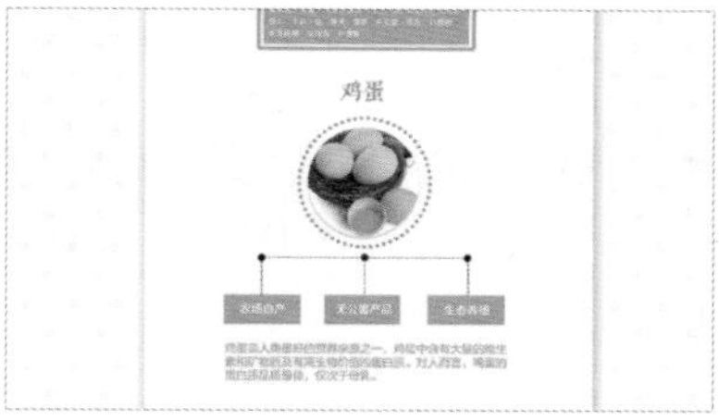

图10-196

22 使用“横排文字工具”输入文本，然后在选项栏中设置“字体”为“复制清刻本悦宋”、“字体大小”为30点、“文本颜色”为（R:255，G:79，B:79），接着使用“选择工具”将其拖曳到合适位置，如图10-197所示。

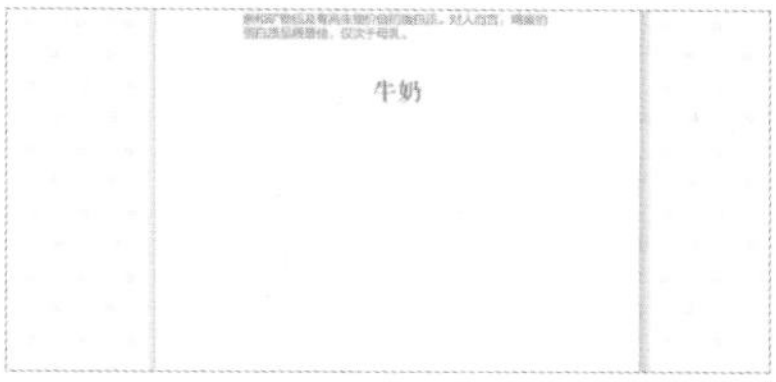

图10-197

㉓ 使用"椭圆工具"◉按住Shift键绘制正圆，然后在选项栏中设置"填充"为无、"描边"为（R:46，G:214，B:157）、"描边宽度"为4.5点、"线型"为"虚线"，接着使用"选择工具"⊁将图形拖曳到合适的位置，如图10-198所示。

㉔ 导入"素材文件>CH10>32.png"文件，使用"选择工具"⊁将素材拖曳到正圆中，如图10-199所示。

㉕ 双击素材图层，在弹出的"图层样式"中勾选"投影"，设置"不透明度"为17、"角度"为90、"大小"为8，单击"确定"按钮 确定 ，如图10-200所示。

图10-198

图10-199

图10-200

㉖ 按快捷键Ctrl+J复制步骤（14）到步骤（18）所绘图层，然后使用"选择工具"⊁将复制图像拖曳到合适位置，效果如图10-201所示。

㉗ 使用"横排文字工具"Ｔ在矩形内输入文本，在选项栏中设置"字体"为"方正兰亭中黑"、"字体大小"为15点、"文本颜色"为白色，如图10-202所示。

㉘ 使用"横排文字工具"Ｔ输入文本，然后在选项栏中设置"字体"为"方正兰亭黑"、"字体大小"为15点、"文本颜色"为（R:255，G:123，B:120），接着使用"选择工具"⊁将其拖曳到合适位置，如图10-203所示。

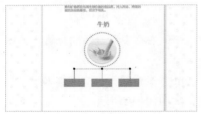
图10-201

图10-202

图10-203

㉙ 使用"横排文字工具"Ｔ输入文本，然后在选项栏中设置"字体"为"复制清刻本悦宋"、"字体大小"为30点、"文本颜色"为（R:255，G:79，B:79），接着使用"选择工具"⊁将其拖曳到合适位置，如图10-204所示。

㉚ 使用"钢笔工具"✎绘制图形，然后在选项栏中设置"填充"为无、"描边"为黑色、"描边宽度"为2点、"线型"为"虚线"，如图10-205所示。接着使用"选择工具"⊁将图形拖曳到文本下面，如图10-206所示。

图10-204

图10-205

图10-206

③ 使用"椭圆工具" ◉ 按住Shift键绘制正圆,在选项栏中设置"填充"为黑色、"描边"为无,使用"选择工具" ▶ 将其拖曳合适的位置,如图10-207所示。

② 按快捷键Ctrl+J将正圆复制4份,使用"选择工具" ▶ 将其拖曳到合适的位置,如图10-208所示。

③ 使用"钢笔工具" ✎ 在正圆内绘制图形,在选项栏中设置"描边"为白色、"描边宽度"为1点,如图10-209所示。

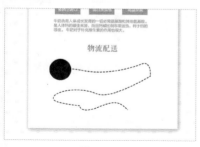
图10-207

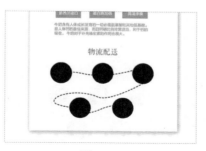
图10-208

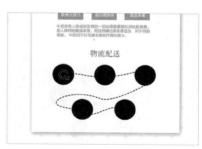
图10-209

③ 使用"钢笔工具" ✎ 图形,在选项栏中设置"描边"为白色、"描边宽度"为2点,使用"选择工具" ▶ 将其拖曳到黑色的位置,如图10-210所示。

③ 使用"圆角矩形工具" ◉ 绘制圆角矩形,在选项栏中设置"描边"为白色、"描边宽度"为3点,使用"选择工具" ▶ 将其拖曳到正圆内,如图10-211所示。

③ 使用"椭圆工具" ◉ 按住Shift键绘制正圆,在选项栏中设置"填充"为白色、"描边"为无,使用"选择工具" ▶ 将其拖曳到合适的位置,如图10-212所示。

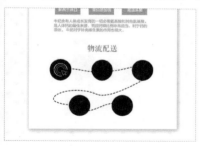
图10-210

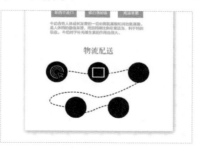
图10-211

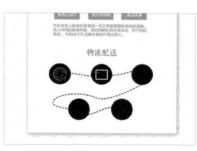
图10-212

③ 选择"圆角矩形工具" ◉ 绘制圆角矩形,然后在选项栏中设置"描边"为白色、"描边宽度"为3点,接着使用"选择工具" ▶ 将其拖曳到合适的位置,如图10-213所示。

③ 按快捷键Ctrl+J复制2个步骤(35)和步骤(36)所绘图形,使用"选择工具" ▶ 分别将复制图形垂直向下拖曳到合适的位置,如图10-214所示。

③ 使用"钢笔工具" ✎ 绘制图形,然后在选项栏中设置"填充"为无、"描边"为白色、"描边宽度"为1点,接着使用"选择工具" ▶ 将其拖曳到合适的位置,如图10-215所示。

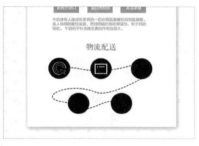
图10-213

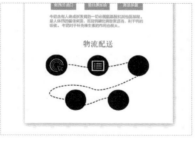
图10-214

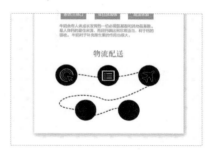
图10-215

⑩ 使用"圆角矩形工具" 🔲 绘制3个圆角矩形，在选项栏中设置"描边"为白色、"描边宽度"为3点，使用"选择工具" ▶ 将其拖曳到正圆内，如图10-216所示。

㊶ 使用"钢笔工具" 🖋 绘制图形，在选项栏中设置"描边"为白色、"描边宽度"为3点，使用"选择工具" ▶ 将其拖曳到正圆内，如图10-217所示。

㊷ 打开"实例文件>CH10>食品类店铺首页的设计.psd"文件，将两个psd文件图层合并，最终效果如图10-218所示。

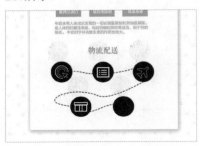

图10-216

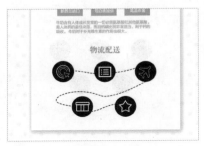

图10-217

10.5 本课笔记

图10-218

11

第11课
静默古风装饰网店设计

装饰类的店铺在淘宝中有很多，每个店铺的装修风格都不一样，在设计上要多运用简洁的图片贯穿整个页面的方法，配色也要与素材相搭，这样才会显得大气，营造出高雅的氛围。

课堂学习目标

- 网店整体设计分析
- 首页设计与制作
- 活动页设计
- 宝贝详情页设计

11.1 静默古风装饰网店设计简介

● 实例位置：实例文件>CH11>静默古风装饰网店首页设计、静默古风装饰网店活动页设计.psd
● 素材位置：素材文件>CH11>01.png~4.png、6.png、7.png、9.png~15.png、19.png、21.png、30.png~45.png、47.png、51.png~58.png、5.jpg、8.jpg、16.jpg~18.jpg、20.jpg、22.jpg~29.jpg、46.jpg、48.jpg~50.jpg
● 技术掌握：装饰类店铺首页和活动页面的制作方法

　　本实例设计的是碧玺店铺的首页。画面中使用暗黄色作为背景色，并搭配黑色的墨迹和红色的祥云，表现复古风韵，具有很强的视觉冲击力，实例效果如图11-1所示。

图11-1

　　以装饰类店铺首页设计为参考进行设计，以烘托活动气氛和购物气氛为主，实例效果如图11-2所示。

图11-2

11.2 网店整体设计分析

　　一个店铺布局成功与否，直接决定了买家能否在第一时间产生浏览或购买的欲望。目前，装修市场上经常会看到一些模块盲目堆砌功能模块，主次罗列混乱，不利于顾客体验，也无法突出地展示买家中意的商品。

　　因此卖家要根据自己的店铺风格、产品和促销活动分门别类来清晰布局。

　　装饰类的店铺在淘宝中有很多，每个店铺的装修风格都不一样，下面根据饰品的风格，划分为3种类型。

11.2.1 复古类饰品店铺分析

　　复古类饰品店铺的版式结构如图11-3所示，效果如图11-4所示。

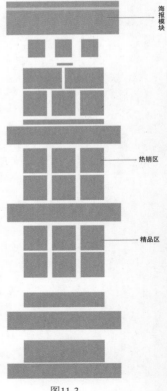

海报模块

热销区

精品区

图11-3

11.2.2 浪漫类饰品店铺分析

海报模块： 在海报模块中使用了简洁的画面作为模块的背景，将饰品放在界面的左侧，然后右侧使用鲜艳的文字对其进行修饰和美化，使页面更加丰富，也突显饰品内容。

热销区： 在该区域的上方使用6个大小一致的图像来将推荐的商品进行分类，并用文字进行说明，最大化地展现商品的特点。

精品区： 跟热销区的排版方式一样，使页面看上去一致，增加了页面的美观。

复古类饰品店铺的配色分析

复古类饰品的店铺设计风格一般以简约有复古底蕴为主。该复古类饰品店铺的设计就运用了这样的风格，简洁的图片贯穿整个页面，显得大气。在颜色上选用黄色、黑色和浅灰色的经典的颜色搭配。使用了大量的浅灰色作为背景，营造出高雅的氛围，而在海报中字体使用红色的暖色调，让整个店铺色彩更加丰富。黄色调的商品，配以中国风的字体，更显得古韵十足，如图11-5所示。

浪漫类饰品店铺如图11-6所示，版式结构如图11-7所示。

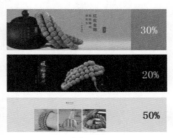

图11-4   图11-5   图11-6

11.2.3 自然类饰品店铺分析

自然类饰品店铺如图11-9所示，版式结构如图11-10所示。

欢迎模块： 在欢迎模块中将饰品和文字有序地排列在页面上，使整个画面看上去十分丰富。颜色上采用大块的浅色和小块鲜艳的颜色形成对比，增强视觉冲击力。

热销区： 在热销区中，将最新最热的商品进行了不规则的排列来对商品进行分类，错落的排列方式，使页面看着更加生动。

系列分类： 根据商品的不同用途进行分类，来对商品进行详细的划分。使每个部分展示的内容都清楚，页面更加简洁美观。

浪漫类饰品店铺的配色分析

此实例做的是浪漫饰品的设计，在设计和制作过程中，使用了浅灰色色调作为网页的主色调，突出产品柔和的气质。红色和蓝色作为辅助色调，在设计中通过鲜艳的颜色，来对商品进行点缀修饰，让其表现更为醒目，如图11-8所示。

图11-7　　　　　　　　　　图11-8　　　　　　　　　　图11-9

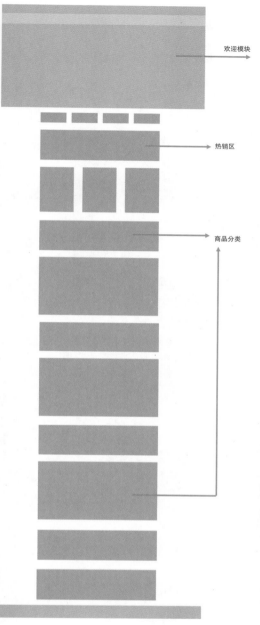

图11-10

欢迎模块：在欢迎模块中，使用有祥云的图片作为背景图，商品照片加水墨效果，使整个画面充满古韵的感觉，吸引顾客浏览。

热销区：用整个商品的图片，加以复古的字体进行说明和修饰，最大化地突出商品本身。

商品分类：根据商品的不同材质进行分类，来对商品进行详细的划分。使每个部分展示的内容都清楚，页面更加简洁美观。

自然类饰品店铺的配色分析

在自然类饰品店铺的配色过程中，使用了黑色色调作为网页的主色调，突显产品的透亮。红色和黄色作为辅助色调，既丰富了页面的颜色，又对商品进行了点缀修饰，让其表现更为醒目，如图11-11所示。

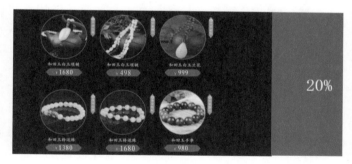

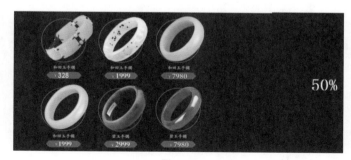

图11-11

213

11.3 结构展示与配色分析

在了解店铺布局的原则以后，我们来了解店铺的结构展示和配色。在消费者需求越来越复杂的时代，店铺装修颜色选择的好坏，将直接影响商品的访问量和品牌的认知度。

11.3.1 结构展示与分析

结构展示如图11-12所示。

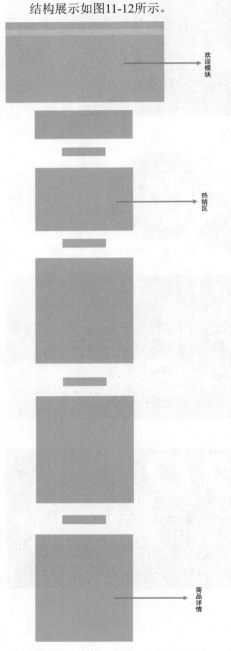

图11-12

欢迎模块： 多个图片组合成背景图，将商品放在模块的左侧，活动信息内容放在右侧，突出主题，整个页面十分丰富。

热卖区： 该区域主要针对单个热卖商品进行介绍，通过对它进行一些文字装饰设计，使整个页面显得饱满，有设计感。

商品详情： 将商品的细节局部以放大的形式突出表现，并通过画龙点睛的文字进行说明，详细地剖析出商品的特点。

客服区： 客服区设计放置在页面的底部，配以显眼的白色文字，使整个页面显得简洁，十分显眼，如图11-13所示。

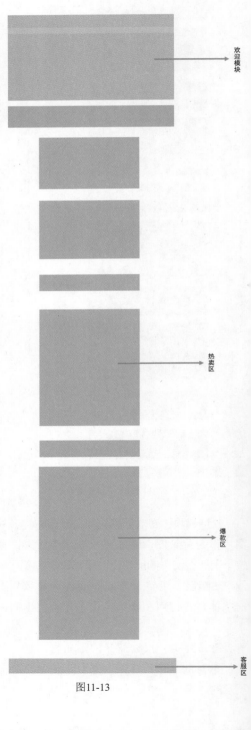

图11-13

欢迎模块：多个图片组合成背景图，将商品放在模块的左侧，并用墨迹进行装饰，将复古的文字内容放在右侧，突出主题。整个页面十分丰富。

热卖区：该区域主要针对单个热卖商品进行介绍，通过对它进行一些文字装饰设计，图片效果展示，使整个页面显得饱满，有设计感。

爆款区：在该区域的上方使用4个大小一致的图像对推荐的商品进行介绍，配以文字进行说明，最大化地展现商品的特点。

客服区：客服区设计放置在页面的底部，配以显眼的白色文字，使整个页面显得简洁，十分显眼。

11.3.2 店铺配色分析

装饰类店铺首页在进行设计和制作的过程中，使用了大量的黄色、高级灰色和浅白色作为网页的主色调，由此营造出一种复古高雅感。通过暗红色进行点缀，提高暖色调，让整个页面的色彩更加丰富，而商品的配色则采用了黑色，使其与页面的色调相符合，让整个画面的复古风更加浓郁。设计元素配色，如图11-14所示。

活动页在进行设计和制作的过程中，沿用了店铺首页的色彩，整个页面还是以黄色为主，着重渲染出一种复古的气氛，并且大量增加了喜庆的红色和抢眼的黄色，让顾客在进入活动页时，感受到节日优惠的活动气氛，从而抓住顾客的停留时间，增加浏览量和交易量。设计元素配色，如图11-15所示。

图11-14　　　　　　　　　　　　　　　　　　图11-15

11.4 实现静默古风装饰网店设计

本实例设计的是碧玺店铺的首页。画面中使用暗黄色作为背景色，并搭配黑色的墨迹和红色的祥云，表现复古风韵，具有很强的视觉冲击力，再以装饰类店铺首页设计为参考，进行宝贝详情页设计，通过对商品进行指示并配以文字说明来展示服装的特点和功能，让顾客全方位、清晰地认识到商品的细节。

11.4.1 首页设计

01 启动Photoshop CS6，然后按快捷键Ctrl+N新建一个"装饰类店铺首页设计"文件，具体参数设置如图11-16所示。

02 导入"素材文件>CH11>01.png"文件，使用"选择工具" ▶┿ 将素材移动到合适的位置，如图11-17所示。

03 导入"素材文件>CH11>02.png"文件，然后使用"选择工具" ▶┿ 选中对象，将素材移动到合适的位置，如图11-18所示。

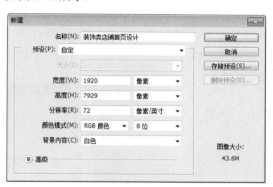

图11-16

图11-17

图11-18

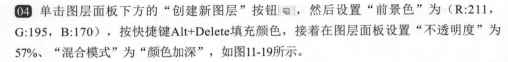

04 单击图层面板下方的"创建新图层"按钮 □ ，然后设置"前景色"为（R:211，G:195，B:170），按快捷键Alt+Delete填充颜色，接着在图层面板设置"不透明度"为57%、"混合模式"为"颜色加深"，如图11-19所示。

05 导入"素材文件>CH11>03.png"文件，然后使用"选择工具" ⊡选中对象，将素材移动到合适的位置，接着在图层面板设置"不透明度"为30%、"混合模式"为"线性加深"，如图11-20所示。

06 使用"选择工具" ⊡选中素材图层，然后按快捷键Ctrl+J复制两份，如图11-21所示。

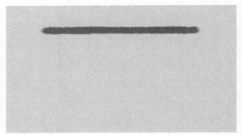

| 图11-19 | 图11-20 | 图11-21 |

07 单击"画笔工具" ☑，然后在选项栏中设置"大小"为90、"画笔样式"为718，如图11-22所示。接着设置前景色为（R:126，G:0，B:67），在素材上绘制对象，如图11-23所示。

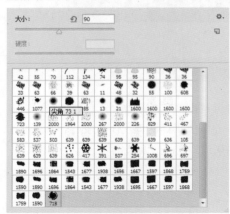
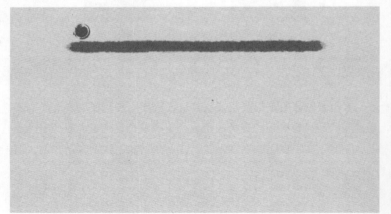

| 图11-22 | 图11-23 |

08 使用"横排文字工具" ⊤输入文本，在选项栏中设置"字体"为"方正行楷简体"、"字体大小"为36点、"文本颜色"为（R:238，G:238，B:238），如图11-24所示。

09 选中文本图层，然后单击鼠标右键在下拉菜单中选择"栅格化文字"命令，接着单击"橡皮擦工具" ☑，在选项栏中设置"大小"为22像素、"硬度"为100%，擦除文本下半部分，如图11-25所示。

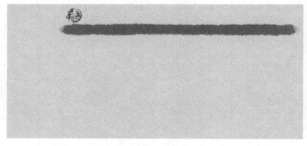
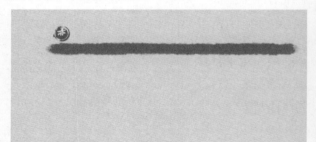

| 图11-24 | 图11-25 |

⑩ 单击"自定形状工具" ，然后在选项栏中设置"填充"为白色、"描边"为无、"形状"为"红心形卡"，如图11-26所示。接着在文本下方绘制图形，如图11-27所示。

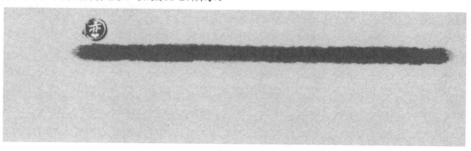

图11-26   图11-27

⑪ 使用"横排文字工具" T.输入文本，在选项栏中设置"字体"为"经典繁印篆"、"字体大小"为18.72点、"文本颜色"为黑色，如图11-28所示。

⑫ 选中文本图层，然后单击鼠标右键在下拉菜单中选择"栅格化文字"命令，接着按快捷键Ctrl+T出现定界框时单击鼠标右键在下拉菜单中选择"扭曲"命令，将对象进行调整，如图11-29所示。

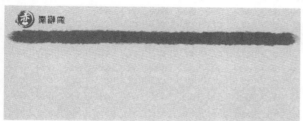 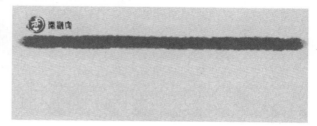

图11-28   图11-29

⑬ 导入"素材文件>CH11>04.png"文件，然后使用"选择工具" 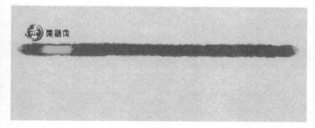选中素材拖曳到合适的位置，如图11-30所示。再按快捷键Ctrl+J复制4份，将对象水平向右移动，如图11-31所示。

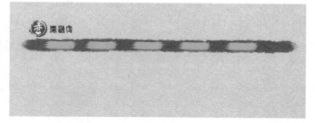

图11-30   图11-31

⑭ 使用"横排文字工具" T.分别在素材中输入文本，在选项栏中设置"字体"为"方正黑体简体"、"字体大小"为16点、"文本颜色"为白色，如图11-32所示。

⑮ 使用"横排文字工具" T.输入文本，在选项栏中设置"字体"为"华文行楷"、"字体大小"为36.14点，使用"选择工具" ▶+选中图层将它移到合适的位置，如图11-33所示。

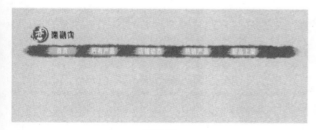 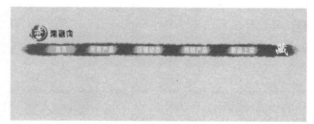

图11-32   图11-33

16 单击"椭圆工具" ◉ ，然后在选项栏中设置"描边"颜色为白色、"描边宽度"为2点，再按住Shift键在文本上绘制2个正圆，接着单击鼠标右键在下拉菜单中选择"栅格化"命令，最后使用"橡皮擦工具" ✎ 将多余的部分擦除，如图11-34所示。

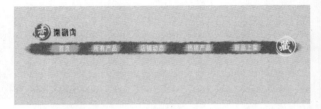

图11-34

17 导入"素材文件>CH11>05.jpg"文件，然后在图层面板中设置"不透明度"为84%，"混合模式"为"正片叠底"，如图11-35所示。接着选中图层，按快捷键Ctrl+J复制一份，使用"选择工具" ▶ 选中对象，将素材拖曳到合适的位置，如图11-36所示。

18 导入"素材文件>CH11>06.png"文件，然后在图层面板中设置"不透明度"为52%、"填充"为50%、混合模式"为"正片叠底"，接着使用"选择工具" ▶ 将图像拖曳到合适的位置，如图11-37所示。

图11-35

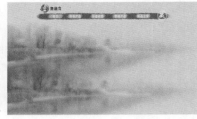

图11-36

图11-37

19 导入"素材文件>CH11>07.png"文件，然后在图层面板中设置"不透明度"为29%，"混合模式"为"正片叠底"，接着使用"选择工具" ▶ 将图像拖曳到合适的位置，如图11-38所示。

20 导入"素材文件>CH11>08.jpg"文件，然后在图层面板中设置"不透明度"为61%，"混合模式"为"正片叠底"，接着使用"选择工具" ▶ 将图像拖曳到合适的位置，如图11-39所示。

21 导入"素材文件>CH11>09.png"文件，然后在图层面板中设置"不透明度"为77%、"填充"为77%、"混合模式"为"正片叠底"，接着单击图层面板下方的"添加图层蒙版"按钮，再使用"画笔工具" ✎ 在蒙版上进行涂抹，最后使用"选择工具" ▶ 将图像拖曳到合适的位置，如图11-40所示。

图11-38

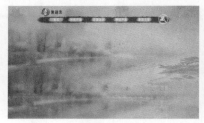

图11-39

图11-40

22 选中素材图层，然后按快捷键Ctrl+J复制一份，接着单击"橡皮擦工具" ✎ ，在选项栏中设置"大小"为77像素、"硬度"为0%、"不透明度"为17%、"流量"为40%，再擦除部分图像，最后使用"选择工具" ▶ 将图像拖曳到合适的位置，如图11-41所示。

23 导入"素材文件>CH11>10.png"文件，然后使用"橡皮擦工具" ✎ 擦除部分图像，接着使用"选择工具" ▶ 将图像拖曳到合适的位置，如图11-42所示。

图11-41

图11-42

24 选中素材图层，然后按快捷键Ctrl+J复制一份，使用"橡皮擦工具" ✐ 擦除部分图像，使用"选择工具" ▸ 将图像拖曳到合适的位置，如图11-41所示。

25 使用"横排文字工具" T 输入文本，然后在选项栏中设置"字体"为"钟齐陈伟勋硬笔行书字库"、"字体大小"为150点、"文本颜色"为（R:178，G:136，B:80），接着在图层面板中设置"不透明度"为43%、"混合模式"为"正片叠底"，最后使用"选择工具" ▸ 将文本拖曳到合适的位置，如图11-44所示。

26 使用"直排文字工具" ⬛ 输入文本，然后在选项栏中设置"字体"为"方正行楷繁体"、"字体大小"为29.21点、"文本颜色"为黑色，接着使用"选择工具" ▸ 将文本拖曳到合适的位置，如图11-45所示。

图11-43

图11-44

图11-45

27 使用"直排文字工具" ⬛ 输入文本，然后在选项栏中设置"字体"为"方正黑体_GBK"、"字体大小"为24点，接着使用"选择工具" ▸ 将文本拖曳到合适的位置，如图11-46所示。

28 使用"直排文字工具" ⬛ 输入文本，然后在选项栏中设置"字体"为"方正黄草简体"、"字体大小"为18点，接着在图层面板中设置"不透明度"为80%，使用"选择工具" ▸ 选将文本拖曳到合适的位置，如图11-47所示。

29 使用"圆角矩形工具" ⬛ 绘制对象，然后在选项栏中设置"填充"为红色、"描边"为无、"半径"为5，接着使用"直排文字工具" ⬛ 在圆角矩形内输入文本，在选项栏中设置"字体"为"经典繁印篆"、"字体大小"为13.73点，如图11-48所示。

图11-46

图11-47

图11-48

30 按住Ctrl键单击文字图层的缩略图，形成选区，如图11-49所示。然后选中圆角矩形图层，再按Delete键删除选区部分，接着按快捷键Ctrl+D取消选区，最后删除文字图层，如图11-50所示。

图11-49

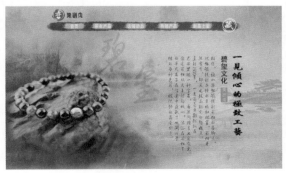
图11-50

219

㉛ 单击"钢笔工具" ✍，然后在选项栏中设置"描边"为红色、"描边宽度"为2点、"形状描边类型"为虚线，如图11-51所示。接着在文本中间绘制线段，最后使用"选择工具" ▸✦选将线段拖曳到合适的位置，如图11-52所示。

㉜ 使用"矩形工具" ▢绘制矩形，然后双击图层，在弹出的"图层样式"中勾选"投影"，接着设置"阴影颜色"为（R:76，G:47，B:47）、"不透明度"为91、"角度"为45、"距离"为16、"扩展"为25、"大小"为57，如图11-53所示。最后单击"确定"按钮，如图11-54所示。

图11-51

图11-52

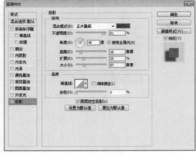

图11-53

㉝ 导入"素材文件>CH11>11.png"文件，然后使用"橡皮擦工具" ✐擦除部分图像，接着使用"选择工具" ▸✦将图像拖曳到合适的位置，如图11-55所示。

㉞ 使用"横排文字工具" Ｔ输入文本，然后在选项栏中设置"字体"为"方正兰亭中黑"、"字体大小"为30点、"文本颜色"为（R:67，G:67，B:67），接着使用"选择工具" ▸✦将文本拖曳到合适的位置，如图11-56所示。

图11-54

㉟ 双击文本图层，然后在弹出的"图层样式"勾选"描边"，设置"不透明度"为85、"大小"为10、"描边颜色"为（R:255，G:253，B:248），接着单击"确定"按钮，效果如图11-57所示。

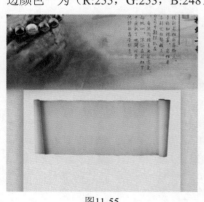

图11-55

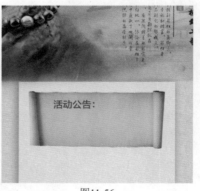

图11-56

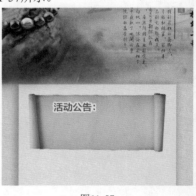

图11-57

㊱ 使用"横排文字工具" Ｔ输入文本，然后在选项栏中设置"字体"为"微软雅黑"、"字体大小"为18点，接着使用"选择工具" ▸✦将文本拖曳到合适的位置，如图11-58所示。

㊲ 单击"画笔工具" ✐，然后在选项栏中设置"大小"为600像素、"画笔样式"为1543，再设置前景色为（R:112，G:112，B:112），如图11-59所示。接着在素材下方绘制对象，如图11-60所示。

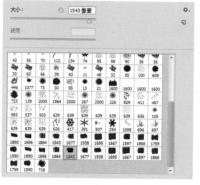

| 图11-58 | 图11-59 | 图11-60 |

38 使用"横排文字工具" ⏸ 在画笔对象中输入文本，然后在选项栏中设置"字体"为"方正兰亭中黑"、"字体大小"为36点、"文本颜色"为白色，接着选中画笔对象和文本的图层，按快捷键Ctrl+G将图层成组，如图11-61所示。

39 使用"横排文字工具" ⏸ 输入文本，然后在选项栏中设置"字体"为"微软雅黑"、"字体大小"为12点、"文本颜色"为（R:67，G:67，B:67），接着使用"选择工具" ⏵ 将文本移到合适的位置，如图11-62所示。

40 导入"素材文件>CH11>12.png"文件，然后使用"橡皮擦工具" ⏺ 擦除部分图像，接着使用"选择工具" ⏵ 将图像拖曳到合适的位置，如图11-63所示。

| 图11-61 | 图11-62 | 图11-63 |

41 使用"矩形工具" ⏹ 绘制矩形，然后在选项栏中设置"填充"颜色为（R:160，G:10，B:10）、"描边"为无，接着使用"选择工具" ⏵ 将图像拖曳到合适的位置，如图11-64所示。

42 使用"横排文字工具" ⏸ 在矩形中输入文本，然后在选项栏中设置"字体"为"微软雅黑"、"字体大小"为15.03点、"文本颜色"为白色，如图11-65所示。

43 使用"椭圆工具" ⬭ 按住Shift键绘制2个正圆，然后在选项栏中设置"填充"颜色为（R:160，G:10，B:10）、"描边"为无，接着在图层面板中设置"不透明度"为37%，最后使用"选择工具" ⏵ 将图像拖曳到合适的位置，如图11-66所示。

| 图11-64 | 图11-65 | 图11-66 |

44 使用"横排文字工具" 输入文本，然后在选项栏中设置"字体"为"微软雅黑"、"字体大小"为11.27点，接着使用"选择工具" 将文本移到合适的位置，如图11-67所示。

45 单击"画笔工具" ，然后在选项栏中设置"大小"为800像素、"笔刷样式"为1890，如图11-68所示。再设置前景色为（R:94，G:58，B:22），接着在绘图区绘制对象，最后按快捷键Ctrl+T将对象进行旋转，如图11-69所示。

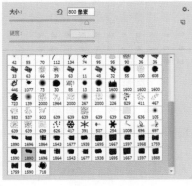

| 图11-67 | 图11-68 | 图11-69 |

46 使用"直排文字工具" 在笔刷对象中输入文本，然后在选项栏中设置"字体"为"方正魏碑简体"、"字体大小"为30点、"文本颜色"为白色，如图11-70所示。

47 使用"直排文字工具" 输入文本，然后在选项栏中设置"字体"为"方正兰亭中黑"、"字体大小"为15点、"文本颜色"为（R:114，G:78，B:36），接着使用"选择工具" 将文本移到合适的位置，如图11-71所示。

48 使用"直排文字工具" 输入文本，然后在选项栏中设置"字体"为"方正幼线简体"、"字体大小"为10点、"文本颜色"为（R:98，G:64，B:26），接着使用"选择工具" 将文本移到合适的位置，如图11-71所示。

| 图11-70 | 图11-71 | 图11-72 |

49 单击"钢笔工具" ，然后在选项栏中设置"描边"为（R:98，G:98，B:98）、"描边宽度"为2点，如图11-72所示。接着在文本中间绘制线段，最后使用"选择工具" 选将线段拖曳到合适的位置，如图11-73所示。

50 选中组图层，然后按快捷键Ctrl+J复制组，接着使用"横排文字工具" 选中文本，修改文本内容，最后将复制组拖曳到合适的位置，如图11-74所示。

| 图11-73 | 图11-74 |

51 使用"横排文字工具"⊤输入文本，然后在选项栏中设置"字体"为"微软雅黑"、"字体大小"为12点、"文本颜色"为（R:67，G:67，B:67），接着使用"选择工具"┡将文本移到合适的位置，如图11-75所示。

52 导入"素材文件>CH11>13.png"文件，然后单击图层面板下方的"添加图层蒙版"□按钮，接着单击"画笔工具"✓，在选项栏中设置"大小"为22像素、"硬度"为0%、"不透明度"为22%，"流量"为22%，再在蒙版中进行涂抹，最后将图层复制两份，垂直向下拖曳，如图11-76所示。

53 导入"素材文件>CH11>14.png、15.png"文件，然后使用"选择工具"┡分别将图像拖曳到合适的位置，如图11-77所示。

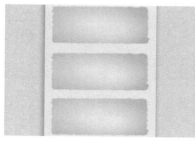

图11-75 　　　　　　　　　　　图11-76 　　　　　　　　　　　图11-77

54 导入"素材文件>CH11>16.jpg~18.jpg"文件，然后使用"选择工具"┡分别将图像拖曳到合适的位置，再按快捷键Ctrl+Alt+G将图像进行盖印，如图11-78所示。接着使用同样的方法，再绘制两份，如图11-79所示。

55 使用"横排文字工具"⊤输入文本，然后在选项栏中设置"字体"为"方正姚体"、"字体大小"为30点、"文本颜色"为黑色，接着使用"选择工具"┡分别将文本拖曳到合适的位置，如图11-80所示。

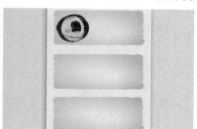

图11-78 　　　　　　　　　　　图11-79 　　　　　　　　　　　图11-80

56 使用"横排文字工具"⊤输入文本，然后在选项栏中设置"字体"为"方正幼线简体"、"字体大小"为11.86点，接着使用"选择工具"┡分别将文本拖曳到合适的位置，如图11-81所示。

57 导入"素材文件>CH11>19.png"文件，然后按快捷键Ctrl+J复制两份，接着使用"选择工具"┡将图像拖曳到合适的位置，如图11-82所示。

58 选中组图层，然后按快捷键Ctrl+J复制组，接着使用"横排文字工具"⊤选中文本，修改文本内容，最后将复制组拖曳到合适的位置，如图11-83所示。

图11-81 　　　　　　　　　　　图11-82 　　　　　　　　　　　图11-83

223

59 使用"横排文字工具"⊤输入文本，然后在选项栏中设置"字体"为"微软雅黑"、"字体大小"为12点、"文本颜色"为（R:67，G:67，B:67），接着使用"选择工具"将文本拖曳到合适的位置，如图11-84所示。

60 导入"素材文件>CH11>20.jpg"文件，然后双击图层，在弹出的"图层样式"中勾选"描边"，接着设置"大小"为16像素、"颜色"为（R:137，G:71，B:25），再勾选"内发光"，设置"颜色"为（R:22，G:22，B:10）、"阻塞"为20、"大小"为38，如图11-85所示。最后使用"选择工具"将图像拖曳到合适的位置，如图11-86所示。

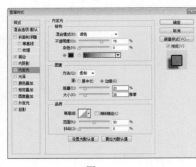

图11-84 图11-85 图11-86

61 使用"矩形工具"■绘制矩形，然后在选项栏中设置"填充"为（R:238，G:238，B:238）、"描边"为无，接着使用"选择工具"将图形拖曳到合适的位置，如图11-87所示。

62 使用"横排文字工具"⊤输入文本，然后在选项栏中设置"字体"为"微软雅黑"、"文本颜色"为黑色，再分别选择合适的字体大小，如图11-88和图11-89所示。

图11-87 图11-88 图11-89

63 使用"选择工具"选中文本"活动特价：99元"图层，然后在选项栏中设置"文本颜色"为（R:230，G:0，B:18），如图11-90所示。

64 导入"素材文件>CH11>21.png"文件，然后按快捷键Ctrl+J复制3个图层，接着使用"选择工具"将图像分别拖曳到合适的位置，如图11-91所示。

65 单击"矩形工具"■绘制矩形，然后在选项栏中设置"填充"颜色为（R:160，G:1，B:41）、"描边"为无，接着使用"选择工具"将图像拖曳到合适的位置，如图11-92所示。

图11-90 图11-91 图11-92

66 使用"直排文字工具" IT.在矩形中输入文本，然后在选项栏中设置"字体"为"微软雅黑"、"字体大小"为5.34点、"文本颜色"为（R:250，G:249，B:245），如图11-93所示。接着选中步骤（60）~步骤（66）所有的图层，按快捷键Ctrl+G将其成组。

图11-93

67 选中组，然后复制一份，将其水平向右进行拖曳，再导入"素材文件>CH11>22.jpg~29.jpg"文件，接着将复制组内素材图层进行更换并盖印，如图11-94所示。

图11-94

68 使用同样的方法，将其他样式也绘制出来，如图11-95所示。

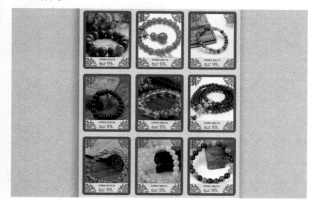

图11-95

69 导入"素材文件>CH11>30.png"文件，然后在图层面板中分别设置素材的"不透明度"和"填充"，使图层与背景图相融合，接着使用"选择工具" ►.将图层移到合适的位置，最终效果如图11-96所示。

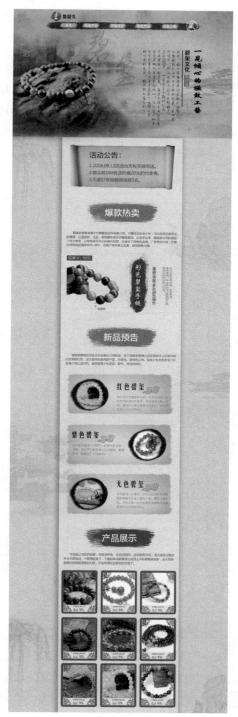

图11-96

11.4.2 活动页设计

01 启动Photoshop CS6，然后按快捷键Ctrl+N新建一个"装饰类店铺活动页设计"文件，具体参数设置如图11-97所示。

图11-97

02 打开"实例文件>CH11>装饰类店铺首页设计.psd"文件，选中背景图层、店标、活动公告、背景素材和客服组图层，然后使用"选择工具" ►┿ 将图层拖曳到新建文件中，最后再调整每个图层到合适的位置，如图11-98所示。

03 导入"素材文件>CH11>30.png"文件，然后在图层面板设置"不透明度"为70%，接着使用"选择工具" ►┿ 将素材移动到合适的位置，如图11-99所示。

04 导入"素材文件>CH11>31.png"文件，然后在图层面板设置"混合模式"为"变暗"、"不透明度"为45%、"填充"为50%，接着使用"选择工具" ►┿ 将素材移动到合适的位置，如图11-100所示。

图11-99　　　　　　　　　　图11-100

05 导入"素材文件>CH11>32.png"文件，然后在图层面板设置"混合模式"为"变暗"、"不透明度"为48%、"填充"为59%，接着使用"选择工具" ►┿ 将素材移动到合适的位置，如图11-101所示。

06 将图层复制一份，然后使用"选择工具" ►┿ 单击图层的缩略图，形成选区，接着设置"前景色"为（R:112，G:112，B:112），再按快捷键Alt+Delete填充颜色，最后按快捷键Ctrl+T将其大小进行调整，如图11-102所示。

图11-101　　　　　　　　　　图11-102

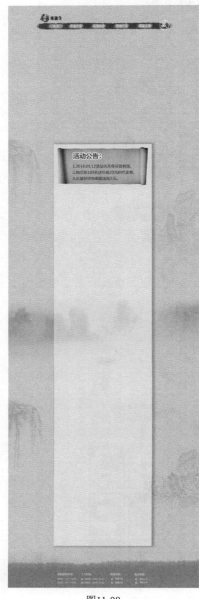

图11-98

07 导入"素材文件>CH11>33.png"文件，然后使用"选择工具" ►┿ 将素材移动到合适的位置，再按快捷键Ctrl+Alt+G进行盖印，如图11-103所示。

图11-103

08 导入"素材文件>CH11>34.png"文件，然后使用"选择工具" ⬚ 将素材移动到合适的位置，如图11-104所示。接着使用"直排文字工具" ⬚ 在素材中输入文本，在选项栏中设置"字体"为"方正启体简体"、"字体大小"为36点、"文本颜色"为白色，如图11-105所示。

09 使用"横排文字工具" ⬚ 输入文本，然后在选项栏中设置"字体"为"方正隶变_GBK"、"字体大小"为40点，接着使用"选择工具" ⬚ 将文本移动到合适的位置，如图11-106所示。

图11-104

图11-105

图11-106

10 使用"椭圆工具" ⬚ 在文本上按住Shift键绘制5个正圆，然后在选项栏中设置"填充"颜色为（R:255，G:0，B:0）、"描边"为无，接着选中绘制的图层，将其移动到文本图层下方，如图11-107所示。

11 使用"直排文字工具" ⬚ 输入文本，然后在选项栏中设置"字体"为"方正隶二简体"、"字体大小"为72点、"文本颜色"为（R:230，G:0，B:18），接着使用"选择工具" ⬚ 将文本移动到合适的位置，如图11-108所示。

12 使用"矩形工具" ⬚ 绘制矩形，然后在选项栏中设置"填充"为（R:143，G:15，B:6），接着使用"选择工具" ⬚ 将对象拖曳到合适的位置，如图11-109所示。

图11-107

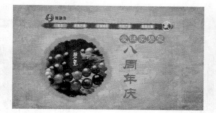
图11-108

图11-109

13 使用"直排文字工具" ⬚ 在矩形中输入文本，在选项栏中设置"字体"为"钟齐陈伟勋硬笔行书字库"、"字体大小"为18点、"文本颜色"为白色，如图11-110所示。

14 使用"直排文字工具" ⬚ 输入文本，在选项栏中设置"字体"为"隶书"、"字体大小"为12点、"文本颜色"为（R:67，G:67，B:67），接着使用"选择工具" ⬚ 将文本移到合适的位置，如图11-111所示。

15 选择"钢笔工具" ⬚，然后在选项栏中设置"填充"为无、"描边"颜色为黑色、"描边宽度"为1点，接着在图层面板中设置"不透明度"为50%，如图11-112所示。

图11-110

图11-111

图11-112

⑯ 切换到"装饰类店铺首页设计.psd"文件，选中背景印章的图层，然后使用"选择工具" ⊕ 将图层拖曳到当前页面中，接着将对象拖曳到合适的位置，如图11-113所示。

⑰ 导入"素材文件>CH11>35.png"文件，然后在图层面板设置"混合模式"为"正片叠底"、"不透明度"为80%，接着使用"选择工具" ⊕ 将素材拖曳到合适的位置，如图11-114所示。

图11-113

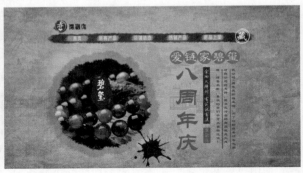

图11-114

⑱ 使用"横排文字工具" T 在素材中输入文本，在选项栏中设置"字体"为"微软雅黑"、"字体大小"为18点、"文本颜色"为白色，如图11-115所示。

⑲ 导入"素材文件>CH11>36.png"文件，然后按快捷键Ctrl+J将图层复制一份，接着按快捷键Ctrl+T出现定界框时单击鼠标右键在下拉菜单中选择"水平翻转"命令，再将对象进行缩放，最后使用"选择工具" ⊕ 将图像拖曳到合适的位置，如图11-114所示。

图11-115

图11-116

⑳ 使用"矩形工具" ▭ 绘制矩形，然后在选项栏中设置"填充"颜色为（R:247，G:224，B:181）、"描边"为无，接着使用"选择工具" ⊕ 将图像拖曳到合适的位置，如图11-117所示。

㉑ 使用"横排文字工具" T 输入文本，然后在选项栏中设置"字体"为"方正粗倩_GBK"、"字体大小"为36点、"文本颜色"为（R:192，G:17，B:25），接着使用"选择工具" ⊕ 将文本拖曳到合适的位置，如图11-118所示。

图11-117

图11-118

㉒ 使用"矩形工具"  绘制矩形，然后在选项栏中设置"填充"颜色为（R:250，G:253，B:163），接着使用"选择工具" 将图像拖曳到合适的位置，如图11-117所示。

㉓ 导入"素材文件>CH11>37.png"文件，然后按快捷键Ctrl+J将图层复制3份，接着分别选中图层，按快捷键Ctrl+T出现定界框时单击鼠标右键在下拉菜单中选择"旋转"命令进行调整，最后使用"选择工具" 分别将图像拖曳到合适的位置，如图11-120所示。

图11-119

图11-120

㉔ 使用"横排文字工具" 输入文本，然后在选项栏中设置"字体"为"微软雅黑"、"文本颜色"为（R:181，G:8，B:21），再分别选择合适的字体大小，接着使用"选择工具" 分别将文本拖曳到合适的位置，如图11-121所示。

㉕ 使用"横排文字工具" 输入文本，然后在选项栏中设置"字体"为"微软雅黑"、"字体大小"为11.39点、"文本颜色"为（R:170，G:109，B:68），接着使用"选择工具" 分别将文本拖曳到合适的位置，如图11-121所示。

图11-121

图11-122

㉖ 选择"钢笔工具" ，然后单击图层面板下的"添加图层蒙版"，接着单击"渐变工具" ，再选择"对称渐变" ，最后在蒙版上拖曳渐变效果，如图11-123所示。

㉗ 使用"圆角矩形工具" 绘制矩形，然后在选项栏中设置"填充"颜色为（R:218，G:37，B:29）、"半径"为5像素，接着使用"选择工具" 将图形拖曳到合适的位置，如图11-124所示。

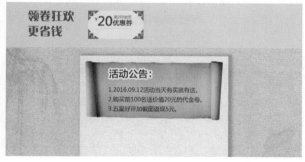

图11-123

图11-124

229

28 使用"横排文字工具" T 在圆角矩形中输入文本，然后在选项栏中设置"字体"为"微软雅黑"、"字体大小"分别为11.39点、"文本颜色"为（R:254，G:251，B:251），接着使用"选择工具" ⊞ 将文本拖曳到合适的位置，如图11-125所示。

29 选中优惠券所有图层，然后按快捷键Ctrl+G成组，再使用"选择工具" ⊞ 分别选中复制组，向右拖曳到合适的位置，接着使用"横排文字工具" T 进行文字修改，如图11-126所示。

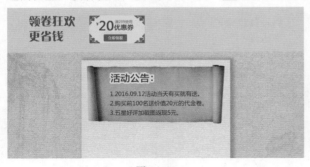

图11-125

图11-126

30 使用"横排文字工具" T 输入文本，然后在选项栏中设置"字体"为"微软雅黑"、"字体大小"为26点、"文本颜色"为白色，接着双击文本图层，在弹出的"图层样式"中勾选"描边"，设置"颜色"为（R:192，G:17，B:25）、"大小"为5，最后单击"确定"按钮 确定 ，效果如图11-127所示。

31 使用"横排文字工具" T 输入文本，然后在选项栏中设置"字体"为"微软雅黑"、"字体大小"为12点、"文本颜色"为（R:67，G:67，B:67），接着使用"选择工具" ⊞ 将文本拖曳到合适的位置，如图11-128所示。

图11-127

图11-128

32 导入"素材文件>CH11>38.png、39.png"文件，然后使用"选择工具" ⊞ 分别将图像拖曳到合适的位置，如图11-129所示。

33 双击素材图层，然后在弹出的"图层样式"中勾选"投影"，设置"颜色"为黑色、"不透明度"为56、"角度"为180，并单击"确定"按钮 确定 ，接着在素材上单击鼠标右键，在下拉菜单中选择"拷贝图层样式"，再选中其他的素材图层，单击鼠标右键，在下拉菜单中选择"粘贴图层样式"，如图11-130所示。

图11-129

图11-130

34 使用"横排文字工具" T 输入文本，然后在选项栏中设置"字体"为"微软雅黑"、"字体大小"为17.28点、"文本颜色"为白色，接着使用"选择工具" ▶ 将文本拖曳到合适的位置，如图11-131所示，最后将绘制的图层成组。

35 导入"素材文件>CH11>40.png、41.png"文件，然后使用"选择工具" ▶ 分别将图像拖曳到合适的位置，如图11-132所示。

图11-131

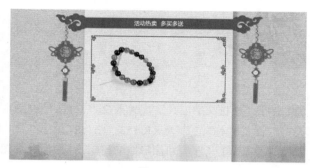

图11-132

36 使用"横排文字工具" T 输入文本，在选项栏中设置"字体"为"微软雅黑"、"字体大小"为7.92点、"文本颜色"为黑色，接着使用"选择工具" ▶ 将文本拖曳到合适的位置，如图11-133所示。

37 使用"横排文字工具" T 输入文本，然后在选项栏中设置"字体"为"经典细圆简"、"字体大小"为23.04点，接着使用"选择工具" ▶ 将文本拖曳到合适的位置，如图11-134所示。

图11-133

图11-134

38 使用"横排文字工具" T 输入文本，然后在选项栏中设置"字体"为"方正准圆简体"、"字体大小"为13.41点、"文本颜色"为（R:87，G:91，B:87），接着使用"选择工具" ▶ 将文本拖曳到合适的位置，如图11-135所示。

39 使用"横排文字工具" T 输入文本，然后在选项栏中设置"字体"为"微软雅黑"、"字体大小"为9.6点、"文本颜色"为（R:108，G:113，B:107），接着使用"选择工具" ▶ 将文本拖曳到合适的位置，如图11-136所示。

图11-135

图11-136

40 使用"横排文字工具" T 输入文本，然后在选项栏中设置"字体"为Adobe 黑体 Std、"字体大小"为18点、"文本颜色"为（R:230，G:0，B:18），接着使用"选择工具" ▶ 将文本拖曳到合适的位置，如图11-137所示。

图11-137

41 使用"横排文字工具" T 输入文本，然后在选项栏中设置"字体"为"Adobe 黑体 Std"、"字体大小"为13点、"文本颜色"为（R:152，G:152，B:143），如图11-138所示，再使用"直线工具" ✐ 绘制直线，接着使用"选择工具" ▶ 将图形拖曳到合适的位置，如图11-139所示。

图11-138

图11-139

42 导入"素材文件>CH11>36.png"文件，然后将按快捷键Ctrl+J将图层复制一份，再按快捷键Ctrl+T出现定界框时单击鼠标右键在下拉菜单中选择"旋转"命令进行调整，如图11-140所示。

43 使用"横排文字工具" T 输入文本，然后在选项栏中设置"字体"为"Adobe 黑体 Std"、"字体大小"为30点、"文本颜色"（R:16，G:131，B:2），接着使用"选择工具" ▶ 将文本拖曳到合适的位置，如图11-141所示。

图11-140

图11-141

44 使用"矩形工具" ▢ 绘制矩形，然后在选项栏中设置"描边"颜色为（R:160，G:1，B:41）、"描边宽度"为1点，接着使用"选择工具" ▶ 将图形拖曳到合适的位置，如图11-142所示。

45 导入"素材文件>CH11>42.png"文件，然后使用"选择工具" ▶ 将图像拖曳到合适的位置，再按快捷键Ctrl+Alt+G将图像进行盖印，如图11-143所示。

图11-142

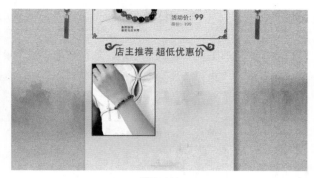

图11-143

46 使用"矩形工具"■绘制矩形，在选项栏中设置"填充"为（R:238，G:238，B:238）、"描边"为无，然后使用"选择工具"▶+将图形拖曳到合适的位置，如图11-144所示。

47 使用"横排文字工具"T输入文本，在选项栏中设置"字体"为"微软雅黑"、"字体大小"为8.89点，接着使用"选择工具"▶+将文本拖曳到合适的位置，如图11-145所示。

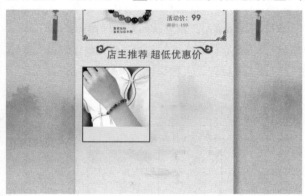

图11-144

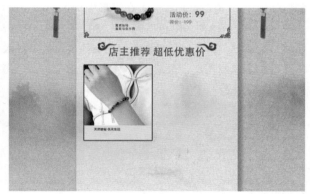

图11-145

48 使用"横排文字工具"T输入文本，然后在选项栏中设置"字体"为"微软雅黑"、"字体大小"为5.97点、"文本颜色"为（R:83，G:82，B:82），接着使用"直线工具"╱绘制直线，再使用"选择工具"▶+将图形拖曳到合适的位置，如图11-146所示。

49 使用"横排文字工具"T输入文本，然后在选项栏中设置"字体"为"微软雅黑"、"文本颜色"为（R:230，G:0，B:18），再分别选择合适的字体大小，接着使用"选择工具"▶+将文本拖曳到合适的位置，如图11-147所示。

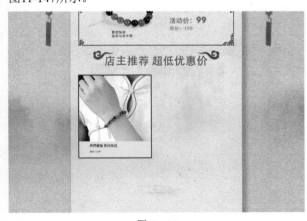

图11-146

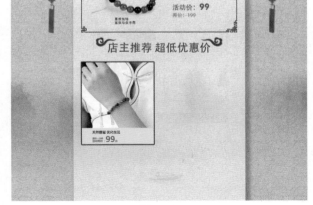

图11-147

50 导入"素材文件>CH11>43.png"文件，然后使用"选择工具" ⊕ 将图像拖曳到合适的位置，如图11-148所示。

51 使用"矩形工具" □ 绘制矩形，然后在选项栏中设置"填充"颜色为（R:160，G:1，B:41）、"描边"为无，接着使用"选择工具" ⊕ 将图形拖曳到合适的位置，如图11-149所示。

图11-148

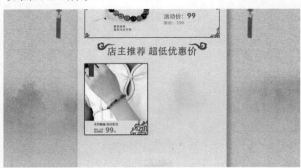

图11-149

52 使用"直排文字工具" ⊺ 在矩形中输入文本，然后在选项栏中设置"字体"为"微软雅黑"、"字体大小"为8.64点、"文本颜色"为（R:250，G:249，B:245），如图11-150所示，接着将绘制的图层成组。

53 将组复制一份，然后将复制组向右拖曳，接着导入"素材文件>CH11>44.png"文件，将素材图层移动到组内，替换原素材图层，最后使用"选择工具" ⊕ 将图像拖曳到合适的位置，再按快捷键Ctrl+Alt+G进行盖印，如图11-151所示。

图11-150

图11-151

54 选中之前成组的图层，然后将组复制一份，再将组垂直向下拖曳，接着使用"横排文字工具" ⊺ 选中文本图层，将文本内容进行修改，如图11-152所示。

55 导入"素材文件>CH11>45.png"文件，然后使用"选择工具" ⊕ 将图像拖曳到合适的位置，如图11-153所示。

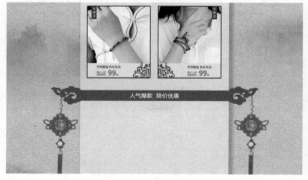

图11-152

图11-153

56 使用"直排文字工具" IT 输入文本，然后在选项栏中设置"字体"为"方正大标宋简体"、"字体大小"为44点、"文本颜色"为（R:216，G:6，B:16），接着双击文本图层，在弹出的"图层样式"中勾选"阴影"，再设置"颜色"为（R:76，G:1，B:1）、"不透明度"为43、"角度"为180、"距离"为2、"大小"为4，最后单击"确定"按钮 **确定** ，如图11-154所示。

57 导入"素材文件>CH11>36.png"文件，然后按住Ctrl键，使用"选择工具" ▶ 选中图层的缩略图形成选区，设置"前景色"为（R:76，G:1，B:1），再按快捷键Alt+Delete填充颜色，按快捷键Ctrl+D取消选区，最后使用同样的方法做出素材阴影，如图11-155所示。

图11-154　　　　　　　　　　　　　　　　　　图11-155

58 使用"直排文字工具" IT 输入文本，在选项栏中设置"字体"为微软雅黑"、"字体大小"为7.68点、"文本颜色"为黑色，接着使用"选择工具" ▶ 将文本拖曳到合适的位置，如图11-156所示。

59 使用"矩形选框工具" □ 在文本上框选选区，然后在选项栏中设置"羽化"为22像素，接着设置"前景色"为白色，再按快捷键Alt+Delete填充颜色，最后在图层面板中设置"不透明度"为66%，如图11-157所示。

图11-156　　　　　　　　　　　　　　　　　　图11-157

60 使用"横排文字工具" T 输入文本，在选项栏中设置"字体"为"宋体"、"字体大小"为8.71点、"文本颜色"为（R:68，G:63，B:51），接着使用"选择工具" ▶ 将文本拖曳到合适的位置，如图11-158所示。

61 使用"横排文字工具" T 输入文本，在选项栏中设置"字体"为"宋体"、"文本颜色"为黑色，再分别设置合适的字体大小，接着使用"选择工具" ▶ 将文本拖曳到合适的位置，如图11-159所示。

图11-158　　　　　　　　　　　　　　　　　　图11-159

62　使用"横排文字工具"[T]输入文本，在选项栏中设置"字体"为"宋体"、"字体大小"为8.71点、"文本颜色"为（R:188，G:4，B:4），接着使用"选择工具"[+]将文本拖曳到合适的位置，如图11-160所示。

63　使用"横排文字工具"[T]输入文本，在选项栏中设置"字体"为"方正艺黑简体"，再分别设置合适的字体大小，接着使用"选择工具"[+]将文本拖曳到合适的位置，如图11-161所示。

图11-160

图11-161

64　使用"钢笔工具"[✎]绘制不规则图形，在选项栏中设置"填充"为无、"描边"颜色为（R:139，G:109，B:77），接着使用"选择工具"[+]将图形拖曳到合适的位置，如图11-162所示。

65　使用"矩形工具"[▢]绘制矩形，在选项栏中设置"填充"颜色为（R:240，G:231，B:222）、"描边"为无，接着使用"选择工具"[+]将图形拖曳到不规则图形中，如图11-163所示。

图11-162

图11-163

66　导入"素材文件>CH11>46.jpg"文件，使用"选择工具"[+]将素材拖曳到矩形上，接着按快捷键Ctrl+Alt+G将图像进行盖印，如图11-164所示。

67　使用"横排文字工具"[T]输入文本，在选项栏中设置"字体"为"宋体"、"字体大小"为12.35点、"文本颜色"为黑色，接着使用"选择工具"[+]将文本拖曳到合适的位置，如图11-165所示。

图11-164

图11-165

68 使用"横排文字工具"T,输入文本,在选项栏中设置"字体"为"幼圆"、"字体大小"为8.79点,在图层面板中设置"不透明度"为80%,最后使用"选择工具"将文本拖曳到合适的位置,如图11-166所示。

69 导入"素材文件>CH11>47.png"文件,使用"选择工具"将素材移动到合适的位置,如图11-167所示。

图11-166　　　　　　　　　　　　图11-167

70 使用"横排文字工具"T,输入文本,在选项栏中设置"字体"为"方正艺黑简体"、"字体大小"为18.28点、"文本颜色"为(R:188,G:4,B:38),接着使用"选择工具"将文本拖曳到合适的位置,如图11-168所示。

71 使用"横排文字工具"T,输入文本,在选项栏中设置"字体"为"微软雅黑"、"字体大小"为11.22点、"文本颜色"为(R:96,G:57,B:19),接着使用"选择工具"将文本拖曳到合适的位置,如图11-169所示。

72 使用"矩形工具",绘制矩形,在选项栏中设置"填充"为无、"描边"颜色为(R:96,G:57,B:19),"描边宽度"为0.48点,接着使用"选择工具"将图形拖曳到合适的位置,如图11-170所示。

图11-168　　　　　图11-169　　　　　图11-170

73 单击"画笔工具",在选项栏中设置"大小"为160像素、"画笔样式"为718,如图11-171所示,再设置"前景色"为(R:255,G:0,B:0),接着在合适的位置绘制对象,如图11-172所示。

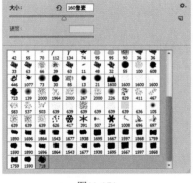

图11-171　　　　　　　　　　　　图11-172

74 使用"横排文字工具" T 输入文本，在选项栏中设置"字体"为"汉仪超粗黑简"、"字体大小"为24点、"文本颜色"为白色，接着使用"选择工具" ⊕ 将文本拖曳到合适的位置，如图11-173所示。

75 导入"素材文件>CH11>48~50.png"文件，使用同样的方法，在合适的位置再绘制3个对象，如图11-174和图11-175所示。

图11-173

图11-174

11.4.3 描述页设计

01 打开"实例文件>CH11>装饰类店铺首页设计.psd"文件，选中中间栏组，将组复制一份，再使用"横排文字工具"修改文本内容，将复制的组垂直向下拖曳到合适的位置，如图11-176所示。

02 使用"横排文字工具" T 输入文本，在选项栏中设置"字体"为"微软雅黑"、"字体大小"为12点、"文本颜色"为（R:67，G:67，B:67），接着使用"选择工具" ⊕ 将文本拖曳到合适的位置，如图11-177所示。

图11-176

图11-177

图11-175

03 导入"素材文件>CH11>51.png"文件，使用"选择工具" ⊕ 将素材移动到合适的位置，如图11-178所示。

04 导入"素材文件>CH11>52.png"文件，使用"选择工具" ⊕ 将素材移动到合适的位置，再按快捷键Ctrl+Alt+G进行盖印，如图11-179所示。

05 导入"素材文件>CH11>53.png和54.png"文件，使用同样的方法，在右方绘制同样两个的图像，如图11-180所示。

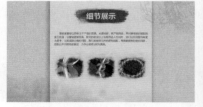

图11-178

图11-179

图11-180

06 导入"素材文件>CH11>55.png"文件,使用"选择工具" 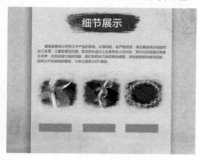将素材移动到合适的位置,再按快捷键Ctrl+J复制两份,如图11-181所示。

07 使用"横排文字工具" 输入文本,在选项栏中设置"字体"为"微软雅黑"、"字体大小"为12点、"文本颜色"为(R:67,G:67,B:67),接着使用"选择工具" 将文本拖曳到合适的位置,如图11-182所示。

08 使用"横排文字工具" 在素材内输入文本,在选项栏中设置"字体"为"经典繁圆新"、"字体大小"为15.82点、"文本颜色"为白色,如图11-183所示。

图11-181

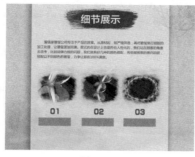
图11-182

图11-183

09 使用"直排文字工具" 输入文本,在选项栏中设置"字体"为"ChenDaiMing"、"字体大小"为9.49点,接着使用"选择工具" 将文本拖曳到合适的位置,如图11-184所示。

10 导入"素材文件>CH11>56.png"文件,使用"选择工具" 将素材移动到合适的位置,如图11-185所示。

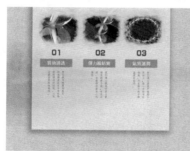
图11-184

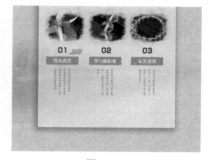
图11-185

11 按住Ctrl键,然后使用"选择工具" 选中素材图层缩略图形成选区,再设置"前景色"为(R:197,G:194,B:187),如图11-186所示。接着按快捷键Ctrl+J将图层复制两份,最后将复制图层水平向右进行拖曳,如图11-187所示。

12 导入"素材文件>CH11>57.png"文件,然后使用"选择工具" 将素材移动到合适的位置,再按快捷键Ctrl+J将图层复制一份,接着将图像拖曳到合适的位置,如图11-188所示。

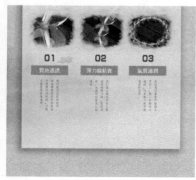
图11-186

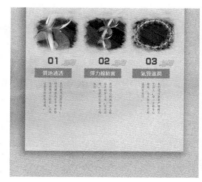
图11-187

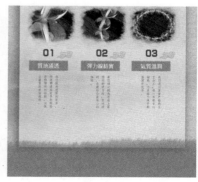
图11-188

⓭ 使用"横排文字工具"⊤输入文本，在选项栏中设置"字体"为"微软雅黑"、"字体大小"为12点和9点、"文本颜色"为白色，接着使用"选择工具"⊕将文本拖曳到合适的位置，如图11-189所示。

⓮ 导入"素材文件>CH11>58.png"文件，然后按快捷键Ctrl+J将对象复制3份，再使用"选择工具"⊕将素材移动到合适的位置，如图11-190所示，最终效果如图11-191所示。

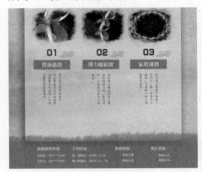

图11-189

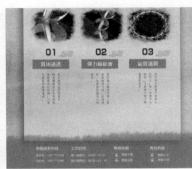

图11-190

10.5　本课笔记

图11-191